辽宁省职业教育石油化工虚拟仿真
实训基地系列软件教学指导书

汽柴油加氢生产仿真软件教学指导书

齐向阳　刘小隽　编

李晓东　主　审

QICHAIYOU JIAQING SHENGCHAN FANGZHEN RUANJIAN JIAOXUE ZHIDAOSHU

化学工业出版社

·北京·

《汽柴油加氢生产仿真软件教学指导书》为石油化工虚拟仿真实训基地的加氢生产仿真软件教学指导书，内容包括认识实习、生产实习、顶岗实习三部分，主要介绍仿真教学软件操作方法，装置开车、停车、事故处理等仿真操作。

《汽柴油加氢生产仿真软件教学指导书》可作为职业院校化工类专业以及相关专业仿真教学教材，也可供从事汽柴油加氢生产的企业人员、技术人员培训使用及参考。

图书在版编目（CIP）数据

汽柴油加氢生产仿真软件教学指导书 / 齐向阳，刘小隽编. —北京：化学工业出版社，2018.1

辽宁省职业教育石油化工虚拟仿真实训基地系列软件教学指导书

ISBN 978-7-122-31174-0

Ⅰ.①汽… Ⅱ.①齐… ②刘… Ⅲ.①汽油-加氢-计算机仿真-职业教育-教学参考资料 Ⅳ.①TE624.4-39

中国版本图书馆 CIP 数据核字（2017）第 305406 号

责任编辑：张双进　　文字编辑：孙凤英

责任校对：宋　夏　　装帧设计：刘丽华

出版发行：化学工业出版社（北京市东城区青年湖南街 13 号　邮政编码 100011）

印　　装：北京京华虎彩印刷有限公司

787mm×1092mm　1/16　印张 10½　字数 226 千字　2018 年 3 月北京第 1 版第 1 次印刷

购书咨询：010-64518888（传真：010-64519686）　售后服务：010-64518899

网　　址：http://www.cip.com.cn

凡购买本书，如有缺损质量问题，本社销售中心负责调换。

定　　价：**32.00 元**

序言

在辽宁省教育厅、财政厅专项资金支持建设的第二期职业教育数字化教学资源建设项目中，石油化工虚拟仿真实训基地是其中的项目之一，由辽宁石化职业技术学院作为牵头建设单位，联合本溪市化学工业学校、沈阳市化工学校、相关企业共同建设。

辽宁石化职业技术学院具体承担汽柴油加氢、苯乙烯、甲苯歧化、尿素、甲基叔丁基醚以及动力车间的仿真软件开发。其特点是对接企业、岗位新技术、新规范、新标准、新设备、新工艺，以突出教学、训练特征的理想的现场教学环境为目标，建设高仿真、高交互、智能化、实现 3D 漫游，具有单人独立操作、多人独立操作、联合操作及对关键设施设备实施拆装、解体、检测、维护功能的积式结构、网络传输的大型计算机虚拟仿真实训软件。解决“看不见、进不去、摸不着、难再现、小概率、高污染、高风险、周期长、成本高”等现场实训教学难以解决的教学问题。

辽宁石化职业技术学院是国家骨干高职院校建设项目优秀学校，凭借校企合作体制机制的优势，与生产一线的工程技术人员组成研发团队，共同承担石油化工虚拟仿真实训基地建设工作，实现了石油化工装置 DCS 仿真操作 2D 与 3D 实时进行信息及数据的传输与转换，实现了班组团队协同操作训练，实现了按照实践教学体系认识实习、生产实习、顶岗实习分级训练。在 2013 年天津举办的全国职业院校学生技能作品展洽会信息化专项展中，苯乙烯项目展示得到相关领导的驻台观看和肯定，虚拟仿真实训软件开发的资金绩效得到财政厅的肯定。由于在信息化方面的积极探索与创新，该校教师多次在省内和全国职业院校教师信息化教学大赛中摘金夺银。

本次出版的与石油化工虚拟仿真实训基地配套的系列指导书，是一次尝试。表现形式上更直观和多样性，图文并茂；在内容安排上，反映石油化工生产过程的实际问题，突出应用训练，理论的阐述以满足学生理解掌握操作技能为目的，并渗透职业素质的培养，实现教学做一体，提高了学生参与度和主动学习的意识，利于学生职业素质和能力培养，教学过程的有效性得以提升。为优质教育资源共享、推广和应用提供了详尽而准确的帮助，对提升教育教学质量和教师信息技术能力，探索学习方式方法和教育教学模式起到积极促进作用。

该系列指导书与石油化工虚拟仿真实训基地软件开发同步出版，体现了职业教育的教学规律和特点。不但具有很好的可教性和可学性，而且加强了数字资源建设理论研究，丰富了辽宁省职业教育数字化教学资源第二期建设成果，对辽宁省职业教育数字化教学资源建设项目验收和应用推广起到引领示范作用。

辽宁省职业教育信息化教学指导委员会委员

2015 年 11 月 11 日

前言

为了进一步深化高职教育教学改革，加强专业与实训基地建设，推动优质教学资源共建共享，提高人才培养质量，辽宁省教育厅和辽宁省财政厅于2010年启动了辽宁省职业教育数字化教学资源第二期建设项目。

辽宁石化职业技术学院是“国家示范性高等职业院校建设计划”骨干高职院校建设项目优秀学校，辽宁省首家采用校企合作办学体制的高职学院，2014年牵头组建辽宁石油化工职业教育集团。近年来大力加强教育信息化建设，打造数字化精品校园，取得了令人瞩目的成绩。作为牵头建设单位，联合本溪市化学工业学校、沈阳市化工学校，共同完成辽宁省职业教育石油化工数字教学资源建设二期项目。重点建设以实习实训教学为主体的、功能完整、实现虚拟环境下的职业或岗位系列活动的虚拟仿真实训基地。解决“看不见、进不去、摸不着、难再现、小概率、高污染、高风险、周期长、成本高”等现场实训教学难以解决的教学问题。

为高质量完成石油化工虚拟仿真实训基地建设任务，辽宁石化职业技术学院组成了以辽宁省职业教育教学名师、辽宁省职业教育信息化教学指导委员会委员李晓东为组长的项目建设领导小组，负责整个项目建设的组织管理工作。并由全国职业院校信息化教学大赛一等奖获得者、辽宁省职业教育教学名师、辽宁省高等院校石油化工专业带头人齐向阳担任项目负责人。负责项目整体设计、制定建设实施方案和任务书、主项目与子项目间的统筹、研发团队建设与管理。参加建设的专业教师都有丰富的教学经验，并在辽宁省职业院校信息化教学设计比赛和课堂教学比赛中获得过优异成绩。

辽宁石化职业技术学院在本次虚拟仿真实训基地建设中，具体承担汽柴油加氢、苯乙烯、甲苯歧化、尿素、甲基叔丁基醚以及动力车间的仿真软件开发，其特点是选用具有代表性的石化生产工艺路线，以突出教学、训练特征的理想的现场教学环境为目标，重点建设高仿真、高交互、智能化、可以实现 3D 漫游，具有单人独立操作、多人独立操作、联合操作及对关键设施设备实施拆装、解体、检测、维护功能的积式结构、网络传输的大型计算机虚拟仿真实训软件。

本次出版的与虚拟仿真实训基地配套的汽柴油加氢生产仿真教学软件指导书，项目一、项目二由刘小隽编写，项目三由齐向阳编写。全书由齐向阳统稿，李晓东任主审。

由于水平有限，加之第一次编写此类型教材，难免存在不妥之处，敬请读者批评指正。

编　者

2017 年 6 月

目录

认识实习

一、认识实习运行平台操作

1．启动方式

点击软件图标。如图 1-1、图 1-2 所示。

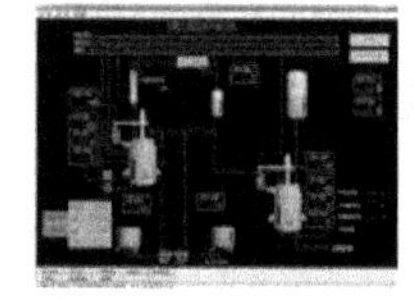

图 1-1　软件图标

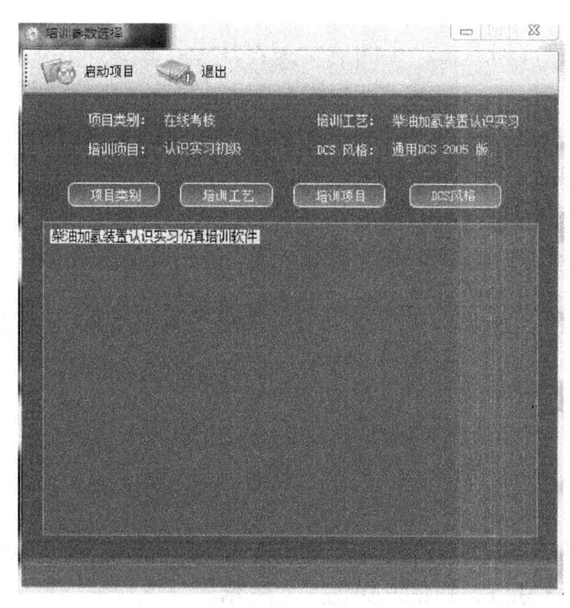

图 1-2　软件启动

2．主场景介绍

在主场景中，操作者可控制角色移动、浏览场景、操作设备等。操作结果可通过数据库与PISP仿真软件关联，经过数学模型计算，将数据变化情况在DCS系统或是在3D现场仪表上显示出来。

3．移动方式

① 按住WSAD键可控制当前角色向前后左右移动。

② 按住鼠标左键可进行视角上下左右移动。

③ 点击R键或功能钮中“走跑切换”按钮可控制角色进行走跑切换。

④ 鼠标右键点击一个地点，当前角色可瞬移到该位置。滚动鼠标滚轮向前或者向后转动，可调整视角与角色之间的距离。

4．操作阀门

当控制角色移动到目标阀门附近时，鼠标悬停在阀门上，此阀门会闪烁，代表可以操作阀门；如果距离较远，即使将鼠标悬停在阀门位置，阀门也不会闪烁，代表距离太远，不能操作。阀门操作信息在小地图上方区域即时显示，同时显示在消息框中。

左键双击闪烁阀门，可进入操作界面，查看阀门信息。

5．拾取物品

鼠标双击可拾取的物品，则该物品装备到装备栏中，个别物品也可直接装备到角色身上。

二、认识实习指导

1．初级

（1）厂门口集合

任务提示：完成柴油加氢生产车间认识实习任务，主要认识厂区内设备以及在本装置内的作用。

使用方法提示：头顶叹号（！）双击弹出对话，按对话内容跟随学习，对话内的黄色下划线关键词调用知识点，学习相关素材内容。

（2）培训室流程介绍和安全教育

任务提示：培训室流程介绍和安全教育，通过三个Flash,介绍了加氢车间反应工段、分馏工段、压缩机工段的具体流程。请双击师傅对话内的黄色下划线关键词或者直接点击培训室大屏幕下的红色“流程介绍”“安全教育”按钮来学习。如图1-3所示。

（3）C-9102压缩机知识点学习

任务提示：认识压缩机房内的新氢压缩机C-9102A/B，请双击师傅对话内的黄色下划线关键词或者双击设备学习相关知识。

（4）C-9101压缩机知识点学习

任务提示：认识压缩机房内的循环压缩机C-9101，请双击师傅对话内的黄色下划线关键词或者双击设备学习相关知识。如图1-4所示。

图 1-3　培训室流程介绍

图 1-4　C-9101 压缩机

（5）V-9102 罐的知识点学习

任务提示：认识学习高压分离器 V-9102，请双击师傅对话内的黄色下划线关键词或者双击设备学习相关知识。

（6）E-9101 换热器知识点学习

任务提示：认识学习换热器 E-9101A/B/C/D，请双击师傅对话内的黄色下划线关键词或者双击设备学习相关知识。如图 1-5 所示。

图 1-5　E-9101 换热器

（7）R-9101 反应器知识点学习

任务提示：认识学习加氢反应器 R-9101，请双击师傅对话内的黄色下划线关键词或者双击设备学习相关知识。

（8）F-9101 加热炉知识点学习

任务提示：认识学习反应进料加热炉 F-9101，请双击师傅对话内的黄色下划线关键词或者双击设备学习相关知识。如图 1-6 所示。

（9）F-9201 重沸炉知识点学习

任务提示：认识学习分馏塔塔底重沸炉 F-9201，请双击师傅对话内的黄色下划线关键词或者双击设备学习相关知识。

（10）A-9101 空冷器知识点学习

任务提示：认识学习反应流出物空冷器 A-9101，请双击师傅对话内的黄色下划线关键词或者双击设备学习相关知识。

图 1-6　F-9101 炉子

（11）T-9201 塔知识点学习

任务提示：认识学习脱硫化氢汽提塔 T-9201，请双击师傅对话内的黄色下划线关键词或者双击设备学习相关知识。如图 1-7 所示。

图 1-7　T-9201 塔

（12）P-9101 泵知识点学习

任务提示：认识学习原料油经加氢进料泵 P-9101A/B，请双击师傅对话内的黄色下划线关键词或者双击设备学习相关知识。如图 1-8 所示。

图 1-8 P-9101 泵

（13）V-9301 附近闸阀知识点学习

任务提示：认识学习富胺液闪蒸罐 V-9301 旁边的闸阀小知识点，请双击师傅对话内的黄色下划线关键词或者双击设备学习相关知识。

（14）V-9301 附近控制阀知识点学习

任务提示：认识学习富胺液闪蒸罐 V-9301 旁边的控制阀小知识点，请双击师傅对话内的黄色下划线关键词或者双击设备学习相关知识。

（15）V-9301 附近流量计知识点学习

任务提示：认识学习富胺液闪蒸罐 V-9301 旁边的流量计小知识点，请双击师傅对话内的黄色下划线关键词或者双击设备学习相关知识。

（16）V-9301 液位计知识点学习

任务提示：认识学习富胺液闪蒸罐 V-9301 液位计小知识点，请双击师傅对话内的黄色下划线关键词或者双击设备学习相关知识。

（17）V-9301 压力表知识点学习

任务提示：认识学习富胺液闪蒸罐 V-9301 顶部压力表小知识点，请双击师傅对话内的黄色下划线关键词或者双击设备学习相关知识。

（18）V-9301温度计知识点学习

任务提示：认识学习富胺液闪蒸罐V-9301顶部温度计小知识点，请双击师傅对话内的黄色下划线关键词或者双击设备学习相关知识。

（19）P-9103泵知识点学习

任务提示：认识学习高速泵P-9103知识点，请双击师傅对话内的黄色下划线关键词或者双击设备学习相关知识。

2. 中级

（1）厂门口集合

任务提示：完成柴油加氢生产车间认识实习任务，主要认识厂区内设备以及在本装置内的作用。

使用方法提示：头顶叹号（!）双击弹出对话，按对话内容跟随学习，对话内的黄色下划线关键词调用知识点，学习相关素材内容。

（2）C-9102压缩机知识点学习

任务提示：认识压缩机房内的新氢压缩机或者循环氢压缩机，请双击师傅对话内的黄色下划线关键词或者双击设备学习相关知识。如图1-9所示。

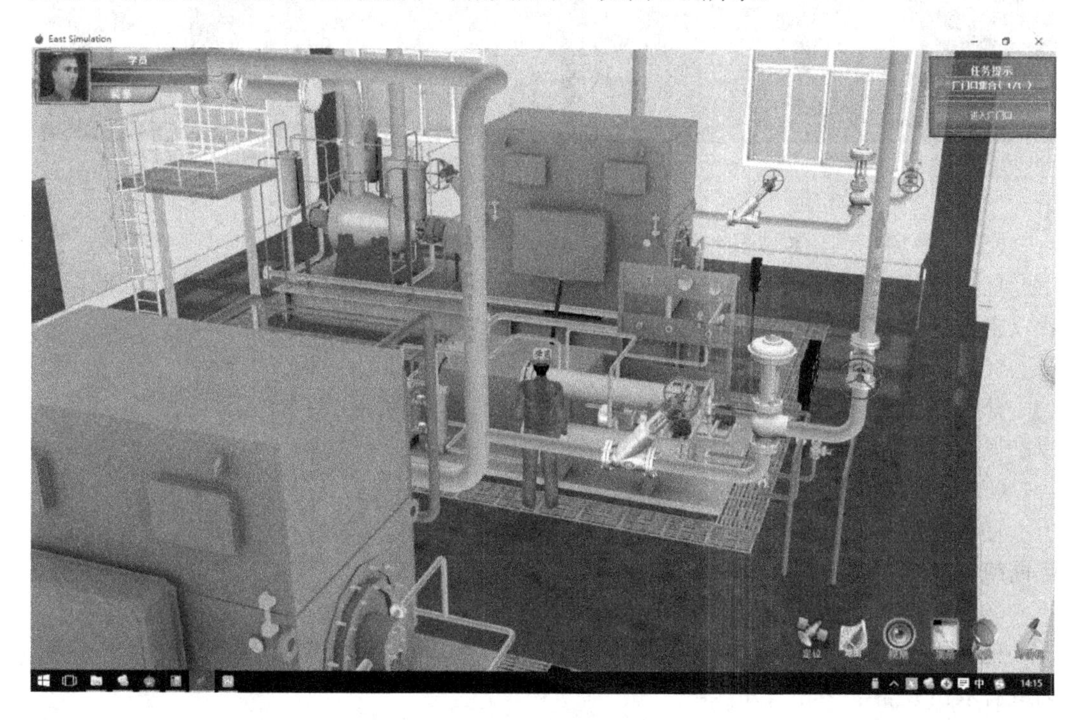

图1-9　C-9102压缩机

（3）V-9102罐的知识点学习

任务提示：认识学习高压分离器V-9102，请双击师傅对话内的黄色下划线关键词或者双击设备学习相关知识。

（4）E-9101 换热器知识点学习

任务提示：认识学习换热器 E-9101A/B/C/D，请双击师傅对话内的黄色下划线关键词或者双击设备学习相关知识。如图 1-10 所示。

图 1-10　E-9101 换热器

（5）R-9101 反应器知识点学习

任务提示：认识学习加氢反应器 R-9101，请双击师傅对话内的黄色下划线关键词或者双击设备学习相关知识。

（6）F-9201 重沸炉知识点学习

任务提示：认识学习重沸炉的知识点，请双击师傅对话内的黄色下划线关键词或者双击设备学习相关知识。

（7）A-9101 空冷器知识点学习

任务提示：认识学习反应流出物空冷器 A-9101，请双击师傅对话内的黄色下划线关键词或者双击设备学习相关知识。

（8）T-9201 塔知识点学习

任务提示：认识学习脱硫化氢汽提塔 T-9201，请双击师傅对话内的黄色下划线关键词或者双击设备学习相关知识。

（9）P-9101 泵知识点学习

任务提示：认识学习原料油经加氢进料泵 P-9101A/B，请双击师傅对话内的黄色下划线关键词或者双击设备学习相关知识。

（10）V-9301 附近阀门知识点学习

任务提示：认识学习富胺液闪蒸罐 V-9301 旁边的阀门小知识点，请双击师傅对话内的黄色下划线关键词或者双击设备学习相关知识。

（11）V-9301 附近流量计知识点学习

任务提示：认识学习富胺液闪蒸罐 V-9301 旁边的流量计小知识点，请双击师傅对话内的黄色下划线关键词或者双击设备学习相关知识。

（12）V-9301 液位计知识点学习

任务提示：认识学习富胺液闪蒸罐 V-9301 液位计小知识点，请双击师傅对话内的黄色下划线关键词或者双击设备学习相关知识。

3．高级

（1）厂门口集合

任务提示：完成柴油加氢生产车间认识实习任务，主要认识厂区内设备以及在本装置内的作用。

使用方法提示：头顶叹号（!）双击弹出对话，按对话内容跟随学习，对话内的黄色下划线关键词调用知识点，学习相关素材内容。

（2）C-9102 压缩机知识点学习

任务提示：认识压缩机房内的新氢压缩机或者循环氢压缩机，请双击师傅对话内的黄色下划线关键词或者双击设备学习相关知识。

（3）V-9102 罐的知识点学习

任务提示：认识学习高压分离器 V-9102，请双击师傅对话内的黄色下划线关键词或者双击设备学习相关知识。如图 1-11 所示。

图 1-11　V-9102 罐

（4）E-9101 换热器知识点学习

任务提示：认识学习换热器 E-9101A/B/C/D，请双击师傅对话内的黄色下划线关键词或者双击设备学习相关知识。

（5）R-9101 反应器知识点学习

任务提示：认识学习加氢反应器 R-9101，请双击师傅对话内的黄色下划线关键词或者双击设备学习相关知识。

（6）F-9201 重沸炉知识点学习

任务提示：认识学习重沸炉的知识点，请双击师傅对话内的黄色下划线关键词或者双击设备学习相关知识。

（7）A-9101 空冷器知识点学习

任务提示：认识学习反应流出物空冷器 A-9101，请双击师傅对话内的黄色下划线关键词或者双击设备学习相关知识。

（8）T-9201 塔知识点学习

任务提示：认识学习脱硫化氢汽提塔 T-9201，请双击师傅对话内的黄色下划线关键词或者双击设备学习相关知识。如图 1-12 所示。

图 1-12 T-9201 塔

（9）P-9101 泵知识点学习

任务提示：认识学习原料油经加氢进料泵 P-9101A/B，请双击师傅对话内的黄色下划线关键词或者双击设备学习相关知识。

（10）V-9301 附近阀门知识点学习

任务提示：认识学习富胺液闪蒸罐 V-9301 旁边的阀门小知识点，请双击师傅对话内的黄色下划线关键词或者双击设备学习相关知识。

（11）V-9301 附近流量计知识点学习

任务提示：认识学习富胺液闪蒸罐 V-9301 旁边的流量计小知识点，请双击师傅对话内的黄色下划线关键词或者双击设备学习相关知识。如图 1-13 所示。

图 1-13　闪蒸罐

生产实习

一、仿真软件使用

1．启动方式

点击软件图标。如图 2-1 所示。

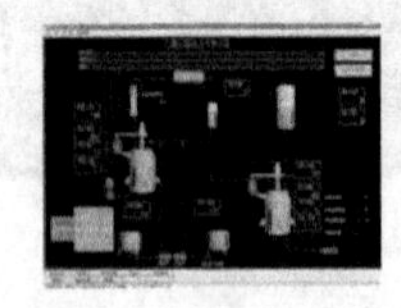

图 2-1　软件图标

选择培训项目，点击确定。如图 2-2 所示。

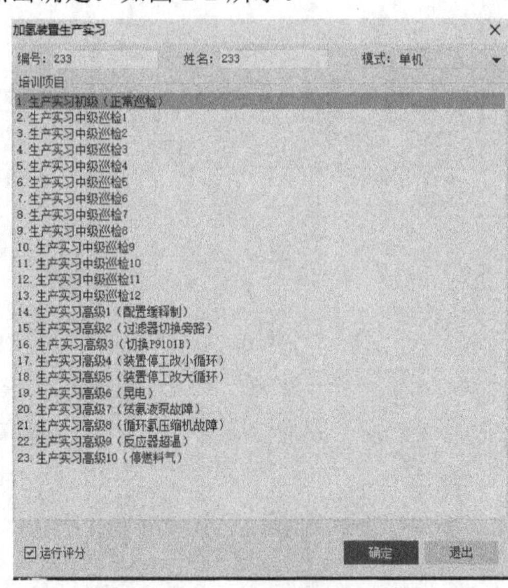

图 2-2　软件启动

2．主场景介绍

在主场景中，操作者可控制角色移动、浏览场景、操作设备等。操作结果可通过数据库与PISP仿真软件关联，经过数学模型计算，将数据变化情况在DCS系统或是在3D现场仪表上显示出来。

（1）移动方式

① 按住WSAD键可控制当前角色向前后左右移动。

② 按住鼠标左键可进行视角上下左右移动。

③ 点击R键或功能钮中“走跑切换”按钮可控制角色进行走跑切换。

④ 鼠标右键点击一个地点，当前角色可瞬移到该位置。滚动鼠标滚轮向前或者向后转动，可调整视角与角色之间的距离。

（2）操作阀门

当控制角色移动到目标阀门附近时，鼠标悬停在阀门上，此阀门会闪烁，代表可以操作阀门；如果距离较远，即使将鼠标悬停在阀门位置，阀门也不会闪烁，代表距离太远，不能操作。阀门操作信息在小地图上方区域即时显示，同时显示在消息框中。

① 左键双击闪烁阀门，可进入操作界面，切换到阀门近景。

② 在操作界面上方有操作框，点击后进行开关操作，同时阀门手轮或手柄会相应转动。

③ 按住上下左右方向键，可调整摄像机以当前阀门为中心进行上下左右的旋转。

④ 滑动鼠标滚轮，可调整摄像机与当前阀门的距离。

⑤ 单击右键，退出阀门操作界面。

（3）拾取物品

鼠标双击可拾取的物品，则该物品装备到装备栏中，个别物品也可直接装备到角色身上。

3．其他说明

评分界面图标释义。

| ● | S28 | >0.5000 | N2/燃料气系统投用 |：小组步骤标题。

：满足操作条件但未操作。

：满足操作条件且操作完成。

：未满足操作条件且未操作。

：选择操作项，步骤内的操作二选一即可。

：仪表控制未达到指定数值图标。

：仪表控制达到指定数值图标。

二、生产实习仿真操作

1．仿真装置概况

某石化分公司需建设一套公称规模为200万吨/年的柴油加氢精制装置，该装置以直馏柴油、焦化汽油和焦化柴油的混合油为原料，经过催化加氢反应进行脱硫、脱氮、烯烃饱和，用以生产精制石脑油和精制柴油。汽柴油加氢装置的工艺流程分为反应部分、分馏部分、催化剂预硫化与再生部分。

2．工艺流程说明

（1）反应部分

混合原料油自装置外来，在滤前原料油缓冲罐(V-9100)液位和进料流量串级控制下，进入 V-9100。经滤前原料油泵（P-9100A/B）升压后进入原料油过滤器(SR-9101)进行过滤，除去原料油中大于 25μm 的颗粒后，进入滤后原料油缓冲罐(V-9101)。原料油经滤后原料油泵(P-9101A/B)升压后，在流量控制下与混合氢混合成混合进料。混合进料经反应流出物/混合进料换热器(E-9101A/B/C/D)与反应流出物换热后，进入反应进料加热炉(F-9101)加热至反应所需温度，再进入加氢精制反应器(R-9101)，在催化剂作用下进行加氢脱硫、脱氮及烯烃饱和等反应。该反应器设置两个催化剂床层，床层间设有注急冷氢设施。

自 R-9101 出来的反应流出物依次经 E-9101A/B/C/D、反应流出物/低分油换热器(E-9102)分别与混合进料和低分油换热，再经反应流出物空冷器（A-9101）冷却后进入高压分离器(V-9102)。为了防止反应流出物在冷却过程中析出铵盐，堵塞管道和设备，通过注水泵(P-9102A/B)将除氧水注至 A-9101 上游侧和 E-9101C 入口的管道中。冷却后的反应流出物在 V-9102 中进行气、油、水三相分离，顶部出来的循环氢进入循环氢脱硫塔入口分液罐 (V-9104)分液后，进入循环氢脱硫塔(T-9101)底部；自贫溶剂缓冲罐(V-9109)来的贫溶剂经贫溶剂泵(P-9103A/B)升压进入 T-9101 第 1 层塔盘上。脱硫后的循环氢自 T-9101 顶部出来，经循环氢压缩机入口分液罐(V-9105)分液后进入循环氢压缩机(C-9101)升压，然后分两路：一路作为急冷氢去反应器控制反应器第二床层入口温度；另一路与来自新氢压缩机(C-9102A/B)出口的新氢混合成为混合氢。T-9101 底富溶剂在液位控制下进入富胺液闪蒸罐(V-9301)闪蒸后出装置。自 V-9102 底部出来的油相在液位控制下进入低压分离器(V-9103)，闪蒸出的低分气至硫黄回收装置脱硫后去 PSA 装置。低分油经 E-9102 与反应流出物换热后至分馏部分。高、低压分离器底部排出的含硫污水经含硫污水闪蒸罐(V-9305)闪蒸后，与分馏部分脱硫化氢汽提塔塔顶回流罐(V-9201)排出的酸性水合并一起送至硫黄回收装置处理。

自连续重整装置来的重整氢经新氢压缩机入口分液罐(V-9106)分液后进入 C-9102A/B，经两级升压后与 C-9101 出口其中一路的循环氢混合。

（2）分馏部分

分馏部分为双塔汽提流程。自反应部分来的低分油经精制柴油/脱硫化氢汽提塔进料换热器(E-9202A/B/C/D)与精制柴油换热后，进入脱硫化氢汽提塔(T-9201)第 1 层塔盘上，T-9201 共有 20 层浮阀塔盘，塔底用水蒸气汽提。塔顶油气经脱硫化氢汽提塔塔顶空冷器(A-9201)、脱硫化氢汽提塔塔顶后冷器（E-9205）冷凝冷却至 40℃后进入 V-9201 进行气、油、水分离，闪蒸出的含硫气体送至硫黄回收装置脱硫，水相与 V-9305 底部的水相混合后出装置，油相经脱硫化氢汽提塔塔顶回流泵(P-9201A/B)升压后全部作为塔顶回流。为控制产品质量,在回流泵出口设置粗石脑油抽出线。

T-9201 塔底油在液位控制下经精制柴油/分馏塔进料换热器(E-9201A/B)换热后进入分馏塔(T-9202)，T-9202 热源由分馏塔塔底重沸炉(F-9201)提供。分馏塔塔底油经分馏塔塔底重沸炉泵(P-9204A/B)升压、F-9201 加热后返回塔底。分馏塔塔顶油气先经分馏塔塔顶气/低温热水换热器(E-9204）与低温热水换热后，再经分馏塔塔顶空冷器(A-9202)、分馏塔塔顶后冷器(E-9206)冷凝冷却至 40℃后进入分馏塔塔顶回流罐(V-9202)中，V-9202 的压力通过调节燃料气的进入量或排出量来控制，从而使罐的操作压力保持稳定。由 V-9202 底部抽出的塔顶液经分馏塔塔顶回流泵(P-9202A/B)升压后分成两路：一路在流量和分馏塔塔顶温度串级控制下作为 T-9202 的塔顶回流；另一路在 V-9202 液位控制下作为石脑油产品送出装置，该石脑油产品用作乙烯原料。分水包排出的含油污水经分馏塔塔顶凝结水泵(P-9205A/B)升压后进入反应部分注水罐。

分馏塔塔底油经精制柴油泵(P-9203A/B)升压后，经E-9201A/B、E-9202A/B/C/D、精制柴油/低温热水换热器(E-203A/B)和精制柴油空冷器(A-9203)换热、冷却后作为精制柴油产品送出装置。

（3）催化剂预硫化部分

为了提高催化剂活性，新鲜的或再生后的催化剂在使用前都必须进行预硫化。设计采用液相预硫化方法，以低硫直馏柴油为硫化油，DMDS 为硫化剂。催化剂预硫化结束后，硫化油通过不合格油线退出该装置。

3．设备列表

序号	设备编号	设备名称	备注
1	F-9101	反应进料加热炉	
2	F-9201	分馏塔塔底重沸炉	
3	T-9101	循环氢脱硫塔	
4	T-9201	汽提塔	
5	T-9202	分馏塔	
6	R-9101	加氢精制反应器	
7	V-9100	滤前原料油缓冲罐	
8	V-9101	滤后原料油缓冲罐	
9	V-9102	高压分离器	
10	V-9103	低压分离器	
11	V-9104	循环氢脱硫塔入口分液罐	
12	V-9105	循环氢压缩机入口分液罐	
13	V-9106A	新氢压缩机一级入口分液罐	
14	V-9106B	新氢压缩机一级入口分液罐	
15	V-9107A	新氢压缩机二级入口分液罐	
16	V-9107B	新氢压缩机二级入口分液罐	
17	V-9108	脱盐水罐	
18	V-9109	贫液缓冲罐	
19	V-9111	中压蒸汽凝水罐	
20	V-9201	汽提塔塔顶回流罐	
21	V-9202	分馏塔塔顶回流罐	

续表

序 号	设备编号	设备名称	备 注
22	CIS-9301	缓蚀剂罐	
23	V-9301	胺液闪蒸罐	
24	V-9302	低压蒸汽凝水罐	
25	V-9303	污油罐	
26	V-9305	含硫污水闪蒸罐	
27	V-9306	废胺液罐	
28	V-9307	燃料气分液罐	
29	V-9308	放空罐	
30	V-9309	硫化剂罐	
31	E-9101A/B/C/D	反应流出物/混合进料换热器	
32	E-9102A/B	反应流出物/低分油换热器	
33	E-9103	除氧水进料冷却器	
34	E-9104A	新氢压缩机级间冷却器	
35	E-9104B	新氢压缩机级间冷却器	
36	E-9201	精制柴油/分馏塔进料换热器	
37	E-9202A/B/C/D	精制柴油/汽提塔进料换热器	
38	E-9203	精制柴油后冷器	
39	E-9204	分馏塔塔顶换热器	
40	E-9205	汽提塔塔顶后冷器	
41	E-9206	分馏塔塔顶后冷器	
42	A-9101A-H	反应流出物空冷器	
43	A-9201	汽提塔塔顶空冷器	
44	A-9202A-D	产品分馏塔塔顶空冷器	
45	A-9203A-H	精制柴油空冷器	
46	C-9101	循环氢压缩机	
47	C-9102A/B	新氢压缩机	
48	P-9100A/B	滤前原料油泵	
49	P-9101A/B	滤后原料油泵	
50	P-9102A/B	注水泵	
51	P-9103A/B	循环氢脱硫塔贫液进料泵	
52	P-9201A/B	汽提塔塔顶回流泵	
53	P-9202A/B	分馏塔塔顶回流泵	
54	P-9203A/B	精制柴油泵	
55	P-9204A/B	分馏塔塔底重沸炉泵	
56	P-9205A/B	分馏回流罐污水泵	
57	P-9301	注缓蚀剂泵	
58	P-9302	放空液泵	
59	P-9303	污油泵	
60	P-9304	废胺液泵	

4．生产实习指导

（1）生产实习初级（正常巡检）

按照实际生产装置的巡检要求，加氢装置共设计 12 个巡检地点，操作者可以根据各站巡检的具体要求进行巡检，在初级巡检中为正常巡检，不设置异常情况，中级巡检时在正常巡检基础上在某些巡检点设置异常情况，操作人员巡检时发现异常并进行判断。

巡检第一站

过程起始条件：无

过程终止条件：无

① 巡检岗位巡检第一站，请点击巡检牌换牌(XJP01.OP = 1.0000)。

② 消防器材是否正常(XJ01G.OP = 1.0000)。

③ 设备管线有无泄漏(XJP01XL.OP = 1.0000)。

④ 联合水站 A 泵运行是否正常(XJ01B.OP = 1.0000)。

⑤ 联合水站 B 泵运行是否正常备用(XJ01C.OP = 1.0000)。

⑥ 联合水站冷却器运行是否正常(XJ01D.OP = 1.0000)。

⑦ 水箱水位是否正常 LIA-8009(XJ01P.OP = 1.0000)。

⑧ C-9102A 润滑油压力是否正常 PIA-8026A(XJ01L.OP = 1.0000)。

⑨ C-9102A 润滑油温度是否正常 TI-8045A(XJ01N.OP = 1.0000)。

⑩ C-9102A 级间冷却器运行是否正常(XJ01E.OP = 1.0000)。

⑪ C-9102B 润滑油压力是否正常 PIA-8026B 备用(XJ01M.OP = 1.0000)。

⑫ C-9102B 润滑油压力是否正常 TI-8045B 备用(XJ01O.OP = 1.0000)。

⑬ C-9102B 级间冷却器运行是否正常备用(XJ01F.OP = 1.0000)。

⑭ V-9106A 液位是否正常 LT-1016A(XJ01H.OP = 1.0000)。

⑮ V-9107A 液位是否正常 LT-1017A(XJ01J.OP = 1.0000)。

⑯ V-9106B 液位是否正常 LT-1016B 备用(XJ01I.OP = 1.0000)。

⑰ V-9107B 液位是否正常 LT-1017B 备用(XJ01K.OP = 1.0000)。

巡检第二站

过程起始条件：无

过程终止条件：无

① 巡检岗位巡检第二站，请点击巡检牌换牌(XJP02.OP = 1.0000)。

② 消防器材是否正常(XJ02D.OP = 1.0000)。

③ 设备管线有无泄漏(XJP02XL.OP = 1.0000)。

④ C-9101 气封冷凝系统运行是否正常(XJ02A.OP = 1.0000)。

⑤ 级间水冷器 A 运行是否正常(XJ02B.OP = 1.0000)。

⑥ 级间水冷器 B 运行是否正常备用(XJ02C.OP = 1.0000)。

巡检第三站

过程起始条件：无

过程终止条件：无

① 巡检岗位巡检第三站，请点击巡检牌换牌(XJP03.OP = 1.0000)。

② 消防器材是否正常(XJ03D.OP = 1.0000)。

③ 设备管线有无泄漏(XJP03XL.OP = 1.0000)。

④ C-9102A 运转是否正常(XJ03A.OP = 1.0000)。

⑤ C-9102B 备用情况是否正常(XJ03B.OP = 1.0000)。

⑥ C-9101 运转是否正常(XJ03C.OP = 1.0000)。

巡检第四站

过程起始条件：无

过程终止条件：无

① 巡检岗位巡检第四站，请点击巡检牌换牌(XJP04.OP = 1.0000)。

② 消防器材是否正常(XJ04H.OP = 1.0000)。

③ 设备管线有无泄漏(XJP04XL.OP = 1.0000)。

④ R-9101 反应器运行情况是否正常(XJ04A.OP = 1.0000)。

⑤ E-9101A 换热器运行情况是否正常(XJ04B.OP = 1.0000)。

⑥ E-9101B 换热器运行情况是否正常(XJ04C.OP = 1.0000)。

⑦ E-9101C 换热器运行情况是否正常(XJ04D.OP = 1.0000)。

⑧ E-9101D 换热器运行情况是否正常(XJ04E.OP = 1.0000)。

⑨ E-9102 换热器运行情况是否正常(XJ04F.OP = 1.0000)。

⑩ V-9102 液位是否正常 LIA-1003A(XJ04I.OP = 1.0000)。

⑪ V-9102 界位是否正常 LIA-1005A(XJ04J.OP = 1.0000)。

巡检第五站

过程起始条件：无

过程终止条件：无

① 巡检岗位巡检第五站，请点击巡检牌换牌(XJP05.OP = 1.0000)。

② 设备管线有无泄漏(XJP05XL.OP = 1.0000)。

③ 消防器材是否正常(XJ05D.OP = 1.0000)。

④ V-9307 燃料气罐压力是否正常 PT-3003(XJ05G.OP = 1.0000)。

⑤ F-9201 第一分支流量是否正常 FT-2011(XJ05H.OP = 1.0000)。

⑥ F-9201 第二分支流量是否正常 FT-2013(XJ05I.OP = 1.0000)。

⑦ F-9201 第三分支流量是否正常 FT-2015(XJ05J.OP = 1.0000)。
⑧ F-9201 第四分支流量是否正常 FT-2017(XJ05K.OP = 1.0000)。
⑨ F-9201 供油是否正常 PT-2008(XJ05L.OP = 1.0000)。
⑩ F-9201 供气是否正常 PT-2005(XJ05M.OP = 1.0000)。
⑪ F-9201 供汽是否正常 PI-2017(XJ05N.OP = 1.0000)。
⑫ F-9201 观火孔燃烧情况是否正常(XJ05A.OP = 1.0000)。
⑬ F-9201 炉膛负压是否正常 PT-2015A(XJ05E.OP = 1.0000)。
⑭ F-9201 排烟温度是否正常 TI-2028A(XJ05F.OP = 1.0000)。
⑮ 引风机运转情况是否正常(XJ05B.OP = 1.0000)。
⑯ 鼓风机运转情况是否正常(XJ05C.OP = 1.0000)。
巡检第六站
过程起始条件：无
过程终止条件：无
① 巡检岗位巡检第六站，请点击巡检牌换牌(XJP06.OP = 1.0000)。
② 消防器材是否正常(XJ06D.OP = 1.0000)。
③ 设备管线有无泄漏(XJP06XL.OP = 1.0000)。
④ F-9101 观火孔燃烧情况是否正常(XJ06A.OP = 1.0000)。
⑤ F-9101 炉膛负压是否正常 PT-1004A(XJ06E.OP = 1.0000)。
⑥ F-9101 排烟温度是否正常 TI-1031A(XJ06F.OP = 1.0000)。
⑦ 引风机运转情况是否正常(XJ06B.OP = 1.0000)。
⑧ 鼓风机运转情况是否正常(XJ06C.OP = 1.0000)。
巡检第七站
过程起始条件：无
过程终止条件：无
① 巡检岗位巡检第七站，请点击巡检牌换牌(XJP07.OP = 1.0000)。
② 消防器材是否正常(XJ07G.OP = 1.0000)。
③ 设备管线有无泄漏(XJP07XL.OP = 1.0000)。
④ V-9103 液位是否正常 LT-1009(XJ07S.OP = 1.0000)。
⑤ V-9103 界位是否正常 LT-1008(XJ07T.OP = 1.0000)。
⑥ V-9108 液位是否正常 LT-1002(XJ07U.OP = 1.0000)。
⑦ E-9205 换热器运行是否正常(XJ07A.OP = 1.0000)。
⑧ E-9206 换热器运行是否正常(XJ07B.OP = 1.0000)。
⑨ E-201A 换热器运行是否正常(XJ07C.OP = 1.0000)。
⑩ E-201B 换热器运行是否正常(XJ07D.OP = 1.0000)。

⑪ E-9202A 换热器运行是否正常(XJ07E.OP = 1.0000)。
⑫ E-9202B 换热器运行是否正常(XJ07F.OP = 1.0000)。
⑬ E-9202C 换热器运行是否正常(XJ07H.OP = 1.0000)。
⑭ E-9202D 换热器运行是否正常(XJ07I.OP = 1.0000)。
⑮ E-9202D 管程柴油出口温度是否正常(XJ08D.OP = 1.0000)。
⑯ V-9201 液位是否正常 LT-2002(XJ07M.OP = 1.0000)。
⑰ V-9201 界位是否正常 LT-2003(XJ07N.OP = 1.0000)。
⑱ V-9201 压力是否正常 PT-2002(XJ07Q.OP = 1.0000)。
⑲ V-9202 液位是否正常 LT-2003(XJ07O.OP = 1.0000)。
⑳ V-9202 界位是否正常 LT-2006(XJ07P.OP = 1.0000)。
㉑ V-9202 压力是否正常 PT-2003(XJ07R.OP = 1.0000)。
㉒ T-9201 液位是否正常 LT-2001(XJ07J.OP = 1.0000)。
㉓ T-9201 压力是否正常 PI-2001(XJ07K.OP = 1.0000)。
㉔ T-9202 液位是否正常 LT-2004(XJ07L.OP = 1.0000)。

巡检第八站

过程起始条件：无

过程终止条件：无

① 巡检岗位巡检第八站，请点击巡检牌换牌(XJP08.OP = 1.0000)。
② 设备管线有无泄漏(XJP08XL.OP = 1.0000)。
③ 消防器材是否正常(XJ08W.OP = 1.0000)。
④ 管架一侧空冷器运转是否正常(XJ08A.OP = 1.0000)。
⑤ 管架另一侧空冷器运转是否正常(XJ08B.OP = 1.0000)。
⑥ E-9204 运行是否正常(XJ08V.OP = 1.0000)。
⑦ E-9204 管程热水回水温度是否正常(XJ08C.OP = 1.0000)。

巡检第九站

过程起始条件：无

过程终止条件：无

① 巡检岗位巡检第九站，请点击巡检牌换牌(XJP09.OP = 1.0000)。
② 消防器材是否正常(XJ09K.OP = 1.0000)。
③ 设备管线有无泄漏(XJP09XL.OP = 1.0000)。
④ P-9102A 运转是否正常(XJ09A.OP = 1.0000)。
⑤ 查看 P-9102A 泵后压力表，压力是否正常(XPG1028A.OP = 1.0000)。
⑥ P-9102B 备用情况是否正常(XJ09B.OP = 1.0000)。
⑦ P-9201A 运转是否正常(XJ09C.OP = 1.0000)。

⑧ 查看 P-9201A 泵后压力表，压力是否正常(XPG2005A.OP = 1.0000)。
⑨ P-9201B 备用情况是否正常(XJ09D.OP = 1.0000)。
⑩ P-9202A 运转是否正常(XJ09E.OP = 1.0000)。
⑪ 查看 P-9202A 泵后压力表，压力是否正常(XPG2010A.OP = 1.0000)。
⑫ P-9202B 备用情况是否正常(XJ09F.OP = 1.0000)。
⑬ P-9203A 运转是否正常(XJ09G.OP = 1.0000)。
⑭ 查看 P-9203A 泵后压力表，压力是否正常(XPG2006A.OP = 1.0000)。
⑮ P-9203B 备用情况是否正常(XJ09H.OP = 1.0000)。
⑯ P-9204A 运转是否正常(XJ09L.OP = 1.0000)。
⑰ 查看 P-9204A 泵后压力表，压力是否正常(XPG2007A.OP = 1.0000)。
⑱ P-9204B 备用情况是否正常(XJ09M.OP = 1.0000)。
⑲ P-9205A 运转是否正常(XJ09I.OP = 1.0000)。
⑳ 查看 P-9205A 泵后压力表，压力是否正常(XPG2011A.OP = 1.0000)。
㉑ P-9205B 备用情况是否正常(XJ09J.OP = 1.0000)。

巡检第十站

过程起始条件：无

过程终止条件：无

① 巡检岗位巡检第十站，请点击巡检牌换牌(XJP10.OP = 1.0000)。
② 消防器材是否正常(XJ10G.OP = 1.0000)。
③ 设备管线有无泄漏(XJP10XL.OP = 1.0000)。
④ P-9100A 运转是否正常(XJ10A.OP = 1.0000)。
⑤ 查看 P-9100A 泵后压力表，压力是否正常(XPG1053A.OP = 1.0000)。
⑥ P-9100B 备用情况是否正常(XJ10B.OP = 1.0000)。
⑦ P-9103A 运转是否正常(XJ10C.OP = 1.0000)。
⑧ 查看 P-9103A 泵后压力表，压力是否正常(XPG1036A.OP = 1.0000)。
⑨ P-9103B 备用情况是否正常(XJ10D.OP = 1.0000)。
⑩ P-9101A 运转是否正常(XJ10E.OP = 1.0000)。
⑪ 查看 P-9101A 泵后压力表，压力是否正常(XPG1009A.OP = 1.0000)。
⑫ P-9101B 备用情况是否正常(XJ10F.OP = 1.0000)。
⑬ P-9101A 润滑油压力是否正常 PSL-6001A(XJ10H.OP = 1.0000)。
⑭ P-9101A 润滑油温度是否正常 TI-6001A(XJ10I.OP = 1.0000)。
⑮ P-9101B 润滑油压力是否正常 PSL-6001B(XJ10J.OP = 1.0000)。
⑯ P-9101B 润滑油温度是否正常 TI-6001B(XJ10K.OP = 1.0000)。

巡检第十一站

过程起始条件：无

过程终止条件：无

① 巡检岗位巡检第十一站，请点击巡检牌换牌(XJP11.OP = 1.0000)。

② 设备管线有无泄漏(XJP11XL.OP = 1.0000)。

③ 消防器材是否正常(XJ11A.OP = 1.0000)。

④ T-9101 液位是否正常 LI-1011A(XJ11B.OP = 1.0000)。

⑤ V-9104 液位是否正常 LT-1012(XJ11C.OP = 1.0000)。

⑥ V-9100 液位是否正常 LT-1020(XJ11D.OP = 1.0000)。

⑦ V-9100 压力是否正常 PIC-1030(XJ11E.OP = 1.0000)。

⑧ V-9301 液位是否正常 LT-3002(XJ11F.OP = 1.0000)。

⑨ V-9301 压力是否正常 PIC-3011(XJ11G.OP = 1.0000)。

⑩ V-9109 液位是否正常 LT-1013(XJ11H.OP = 1.0000)。

⑪ V-9109 压力是否正常 PIC-1017(XJ11I.OP = 1.0000)。

巡检第十二站

过程起始条件：无

过程终止条件：无

① 巡检岗位巡检第十二站，请点击巡检牌换牌(XJP12.OP = 1.0000)。

② 消防器材是否正常(XJ12C.OP = 1.0000)。

③ 设备管线有无泄漏(XJP12XL.OP = 1.0000)。

④ SR-9101 过滤器运行是否正常(XJ12A.OP = 1.0000)。

⑤ V-9309 液位是否正常 LIA3006(XJ12B.OP = 1.0000)。

（2）生产实习高级 1（配制缓释剂）

① 打开脱盐水进装置边界阀门(VI1TYS.OP > 0.5000)。

② 请点击缓蚀剂桶，选择缓蚀剂注入的数量(HSJZR.OP = 6.0000)。

③ 打开脱盐水注入阀门(VX1C9301.OP > 0.5000)。

④ 加入脱盐水至指定液位 85%(LG9301.PV > 85.0000)。

⑤ 关闭注脱盐水阀门(VX1C9301.OP < 0.5000)。

起始条件(返回最后一项,优先)：

LG9301.PV > 85.0000

⑥ 请点击计量泵泵体，设定确认注入速度控制在 2.9cm/h(HSJSD.OP > 2.8900)。

⑦ 打开 P-9301 泵入口阀(P9301I.OP > 0.5000)。

⑧ 打开 P-9301 泵出口阀(P9301O.OP > 0.5000)。

⑨ 打开泵出口去 T-9201 阀门(VX2C9301.OP > 0.5000)。

⑩ 启动计量泵 P-9301(PIP9301.PV > 0.5000)。

起始条件(与)：

P9301I.OP > 0.5000

P9301O.OP > 0.5000

（3）生产实习高级 2（过滤器切换旁路）

① 打开过滤器副线阀(VI5V9100.OP > 0.5000)。

② 关闭过滤器出口阀(VI4V9100.OP < 0.5000)。

③ 关闭过滤器入口阀(VI3V9100.OP < 0.5000)。

（4）生产实习高级 3（切换 P-9101B）

① 打开 P-9101B 最小流量阀 FICA-1009B 入口阀(FV1009BO.OP > 0.5000)。

② 打开 P-9101B 最小流量阀到 30(FV1009B.OP > 0.5000)。

③ 打开 P-9101B 最小流量阀 FICA-1009B 出口阀(FV1009BI.OP > 0.5000)。

④ 打开 P-9101B 入口阀(P9101BI.OP > 0.5000)。

⑤ 启动 P-9101B(PIP9101B.PV > 0.5000)。

⑥ 打开 P-9101B 出口阀(P9101BO.OP > 0.5000)。

⑦ 关闭 P-9101A(PIP9101A.PV < 0.5000)。

⑧ 关闭 P-9101A 出口阀(P9101AO.OP < 0.5000)。

⑨ 关闭 P-9101B 最小流量阀 FICA-1009B 入口阀(FV1009BI.OP < 0.5000)。

⑩ 关闭 P-9101B 最小流量阀(FV1009B.OP < 0.5000)。

⑪ 关闭 P-9101B 最小流量阀 FICA-1009B 出口阀(FV1009BO.OP < 0.5000)。

（5）生产实习高级 4（装置停工改小循环）

① C-9102A 负荷降为零(RTC9102A.OP < 0.5000)。

② 停新氢压缩机 C-9102A(PIC9102A.PV < 0.5000)。

③ 关闭边界外新氢进料阀(VX1C9102.OP < 0.5000)。

④ 关闭 C-9102A 出口去系统截止阀(VI1C9102A.OP < 0.5000)。

⑤ 关闭 C-9102A 二返二前截止阀(PV1015AI.OP < 0.5000)。

⑥ 关闭 C-9102A 一返一前截止阀(PV1022AI.OP < 0.5000)。

⑦ F-9101 降温不熄炉，出口温度降到 250℃(TIC1015.PV ⩽ 250.0000)。

⑧ F-9201 降温不熄炉，出口温度降到 250℃(TICA2018.PV ⩽ 250.0000)。

⑨ 停汽提塔汽提蒸汽(FV2001.OP < 0.5000)。

⑩ 关闭混合原料进装置阀(VX5V9100.OP < 0.5000)。

⑪ 打开 P-9101A 最小流量阀到 30(FV1009A.OP ⩾ 30.0000)。

⑫ 关闭 P-9101 出口阀(P9101AO.OP < 0.5000)。

⑬ 停 P-9101(PIP9101A.PV < 0.5000)。

⑭、⑮起始条件(与)：

⑯、⑰P9101AO.OP < 0.5000

⑱、⑲ FV1009A.OP > 0.5000。

⑳ 关闭 P-9101A 最小流量阀(FV1009A.OP < 0.5000)。

㉑ 关 P-9101 出口流量控制阀(FIC1013.OP < 0.5000)。

㉒ 关闭 P-9100 出口阀(P9100AO.OP < 0.5000)。

㉓ 停 P-9100(PIP9100A.PV < 0.5000)。

㉔ 停 P-9102(PIP9102A.PV < 0.5000)。

㉕ 关闭 P-9102 出口阀(P9102AO.OP < 0.5000)。

㉖ 关闭注水点截止阀(VI4V9108.OP < 0.5000)。

㉗ 打开 T-9101 旁路阀，将循环氢脱硫塔系统切除(HIC1001.OP > 99.0000)。

㉘ 手动关闭 V-9102 液位控制阀(LICA1003.OP < 0.5000)。

起始条件(返回最后一项,优先)：

LICA1003.MODE < 0.5000

㉙ 关闭 V-9102 液位控制前截止阀(LV1003I.OP < 0.5000)。

㉚ 关闭 V-9102 液位控制后截止阀(LV1003O.OP < 0.5000)。

㉛ 手动关闭 V-9103 流量控制阀(FIC1022.OP < 0.5000)。

起始条件(返回最后一项,优先)：

FIC1022.MODE < 0.5000

㉜ 关闭 V-9103 流量控制前截止阀(FV1022I.OP < 0.5000)。

㉝ 关闭 V-9103 流量控制后截止阀(FV1022O.OP < 0.5000)。

㉞ V-9103 气相改去火炬(VI4V9103.OP > 0.5000)。

㉟ V-9103 气相去装置外阀关(VI1V9103.OP < 0.5000)。

㊱ V-9201 气相改去火炬(VI2V9201.OP > 0.5000)。

㊲ V-9201 气相出装置阀关(VI1V9201.OP < 0.5000)。

㊳ V-9202 气相改去火炬(VI4V9202.OP > 0.5000)。

㊴ V-9202 气相去 F-9201 阀关(VI5V9202.OP < 0.5000)。

㊵ 关闭精制柴油出装置阀(VI1A9203.OP < 0.5000)。

㊶ 分馏系统改分馏冷循环(VI3A9203.OP > 0.5000)。

㊷ 关闭轻石脑油出装置阀(VI1V9202.OP < 0.5000)。

㊸ 打开轻石脑油不合格线阀(VI2V9202.OP > 0.5000)。

㊹ 打开不合格线总阀(VI4A9203.OP > 0.5000)。

（6）生产实习高级 5（装置停工改大循环）

① 装置改循环前降低反应进料量至 143000kg/h(FIC1013.PV ≤ 143000.0000)。

② 关闭精制柴油出装置阀门(VI1A9203.OP < 0.5000)。

③ 打开开工大循环线循环阀，进行装置大循环(VI2A9203.OP > 0.5000)。

④ 停泵 P-9100(PIP9100A.PV < 0.5000)。

⑤ 关闭 P-9100A 出口阀(P9100AO.OP < 0.5000)。

⑥ 关闭过滤器至 V-9101 截止阀(VI6V9100.OP < 0.5000)。

⑦ 关闭混合原料油自装置外进料阀(VX5V9100.OP < 0.5000)。

⑧ 大循环过程中 T-9201 液位保持在 50%(LICA2001.PV = 50.0000)。

质量指标

上偏差：5.0000，最大上偏差：10.0000

下偏差：5.0000，最大下偏差：10.0000

起始条件(返回最后一项)：

VI2A9203.OP > 0.5000

终止条件(返回最后一项)：

PIP9101A.PV < 0.5000

⑨ 大循环过程中 T-9202 液位保持在 50%(LICA2004.PV = 50.0000)。

质量指标

上偏差：5.0000，最大上偏差：10.0000

下偏差：5.0000，最大下偏差：10.0000

起始条件(返回最后一项)：

VI2A9203.OP > 0.5000

终止条件(返回最后一项)：

PIP9101A.PV < 0.5000

（7）生产实习高级 6（晃电）

① 控制反应系统压力不得超过 6.5MPa，否则扣分(PIC1015.PV > 6.5000)。

② 关闭混合原料油进料阀(VX5V9100.OP < 0.5000)。

③ 关闭 P-9100A 出口阀(P9100AO.OP < 0.5000)。

④ 关 P-9101 出口流量控制阀(FIC1013.OP < 0.5000)。

⑤ 关闭 P-9101A 出口阀(P9101AO.OP < 0.5000)。

⑥ 关闭 P-9102A 出口阀(P9102AO.OP < 0.5000)。

⑦ 关闭除氧水注水点截止阀(VI4V9108.OP < 0.5000)。

⑧ 关闭 P-9103A 出口阀(P9103AO.OP < 0.5000)。

⑨ C-9102A 负荷降为零(RTC9102A.OP < 0.5000)。

⑩ 关闭 C-9102A 出口去系统截止阀(VI1C9102A.OP < 0.5000)。

⑪ 关闭 C-9102A 二返二前截止阀(PV1015AI.OP < 0.5000)。

⑫ 关闭 C-9102A 一返一前截止阀(PV1022AI.OP < 0.5000)。

⑬ 停 E-9104A 给水(E9104AI.OP < 0.5000)。

⑭ 停 E-9104A 回水(E9104AO.OP < 0.5000)。
⑮ V-9103 气相改去火炬(VI4V9103.OP > 0.5000)。
⑯ V-9103 气相去装置外阀关(VI1V9103.OP < 0.5000)。
⑰ 关闭 P-9201A 出口阀(P9201AO.OP < 0.5000)。
⑱ 关闭 P-9202A 出口阀(P9202AO.OP < 0.5000)。
⑲ 关闭 P-9203A 出口阀(P9203AO.OP < 0.5000)。
⑳ 关闭 P-9204A 出口阀(P9204AO.OP < 0.5000)。
㉑ 关闭 P-9205A 出口阀(P9205AO.OP < 0.5000)。
㉒ V-9201 气相改去火炬(VI2V9201.OP > 0.5000)。
㉓ V-9201 气相出装置阀关(VI1V9201.OP < 0.5000)。
㉔ V-9301 气相改去火炬(VI2V-9301.OP > 0.5000)。
㉕ V-9301 气相出装置阀关(VI1V-9301.OP < 0.5000)。
㉖ V-9305 气相改去火炬(VI2V9305.OP > 0.5000)。
㉗ V-9305 气相出装置阀关(VI1V9305.OP < 0.5000)。
㉘ 启动备用新氢压缩机 C-9102B(PIC9102B.PV > 0.5000)。
㉙ 备用新氢压缩机 C-9102B 提负荷(RTC9102B.OP > 0.5000)。
㉚ 打开 C-9102B 去反应系统截止阀(VI1C9102B.OP > 0.5000)。
㉛ 投用 E-9104B 给水(E9104BI.OP > 0.5000)。
㉜ 投用 E-9104B 回水(E9104BO.OP > 0.5000)。
㉝ 启动备用泵 P-9100B(PIP9100B.PV > 0.5000)。

起始条件(与):

P9100BO.OP < 0.5000

㉞ 打开 P-9100B 出口阀(P9100BO.OP > 0.5000)。
㉟ 打开 P-9101B 最小流量阀到 30(FICA1009B.OP ≥30.0000)。
㊱ 启动备用泵 P-9101B(PIP9101B.PV > 0.5000)。

起始条件(与):

P9101BO.OP < 0.5000

FICA1009B.OP > 0.5000

㊲ 打开 P-9101B 出口阀(P9101BO.OP > 0.5000)。
㊳ 打开 P-9101 出口流量控制阀(FIC1013.OP > 0.5000)。

起始条件(返回最后一项,优先):

FIC1013.OP < 0.5000

㊴ 关闭 P-9101B 最小流量阀(FICA1009B.OP < 0.5000)。
㊵ 打开混合原料油进料阀(VX5V9100.OP > 0.5000)。

㊶ 确认炉 F-9101 点着(RI1F9101.PV > 0.5000)。
起始条件(返回最后一项,优先):
RI1F9101.PV < 0.5000

㊷ 启动 F-9101 鼓风机(PIP1001.PV > 0.5000)。
起始条件(返回最后一项,优先):
PIP1001.PV < 0.5000

㊸ 启动 F-9101 引风机(PIP1002.PV > 0.5000)。
起始条件(返回最后一项,优先):
PIP1002.PV < 0.5000

㊹ 打开 P-9102B 出口阀(P9102BO.OP > 0.5000)。

㊺ 启动备用泵 P-9102B(PIP9102B.PV > 0.5000)。
起始条件(与):
P9102BO.OP > 0.5000

㊻ 启动备用泵 P-9103B(PIP9103B.PV > 0.5000)。
起始条件(与):
P9103BO.OP < 0.5000

㊼ 打开 P-9103B 出口阀(P9103BO.OP > 0.5000)。

㊽ 启动备用泵 P-9204B(PIP9204B.PV > 0.5000)。
起始条件(与):
P9204BO.OP < 0.5000

㊾ 打开 P-9204B 出口阀(P9204BO.OP > 0.5000)。

㊿ 确认炉 F-9201 点着(RI1F9201.PV > 0.5000)。
起始条件(返回最后一项,优先):
RI1F9201.PV < 0.5000

(51) 启动 F-9201 鼓风机(PIP2001.PV > 0.5000)。
起始条件(返回最后一项,优先):
PIP2001.PV < 0.5000

(52) 启动 F-9201 引风机(PIP2002.PV > 0.5000)。
起始条件(返回最后一项,优先):
PIP2002.PV < 0.5000

(53) 启动备用柴油泵 P-9203B(PIP9203B.PV > 0.5000)。
起始条件(返回最后一项):
P9203BO.OP < 0.5000

(54) 打开 P-9203B 出口阀(P9203BO.OP > 0.5000)。

(55) 启动备用分馏塔塔顶回流泵 P-9202B(PIP9202B.PV > 0.5000)。
起始条件(返回最后一项):
P9202BO.OP < 0.5000
(56) 打开 P-9202B 出口阀(P9202BO.OP > 0.5000)。
(57) 启动备用分馏塔回流罐污水泵 P-9205B(PIP9205B.PV > 0.5000)。
起始条件(返回最后一项):
P9205BO.OP < 0.5000
(58) 打开 P-9205B 出口阀(P9205BO.OP > 0.5000)。
(59) 启动备用汽提塔回流泵 P-9201B(PIP9201B.PV > 0.5000)。
起始条件(返回最后一项):
P9201BO.OP < 0.5000
(60) 打开 P-9201B 出口阀(P9201BO.OP > 0.5000)。
(61) 启动反应物空冷器 A-9101(PIA9101A.PV > 0.5000)。
起始条件(返回最后一项,优先):
PIA9101A.PV < 0.5000
(62) 启动 T-9201 顶空冷器 A-9201(PIA9201.PV > 0.5000)。
起始条件(返回最后一项,优先):
PIA9201.PV < 0.5000
(63) 启动 T-9202 顶空冷器 A-9202(PIA9202A.PV > 0.5000)。
起始条件(返回最后一项,优先):
PIA9202A.PV < 0.5000
(64) 启动精制柴油空冷器 A-9203(PIA9203A.PV > 0.5000)。
起始条件(返回最后一项,优先):
PIA9203A.PV < 0.5000
(65) 调整至正常。
过程起始条件(与):
PIP9100B.PV > 0.5000 DELAY 200
PIP9101B.PV > 0.5000 DELAY 200
PIP9102B.PV > 0.5000 DELAY 200
PIP9103B.PV > 0.5000 DELAY 200
PIP9201B.PV > 0.5000 DELAY 200
PIP9202B.PV > 0.5000 DELAY 200
PIP9203B.PV > 0.5000 DELAY 200
PIP9204B.PV > 0.5000 DELAY 200

PIP9205B.PV > 0.5000 DELAY 200

过程终止条件：无

⑥⑥ 控制 V-9100 液位 80%(LICA1020.PV = 80.0000)。

质量指标

上偏差：10.0000，最大上偏差：10.0000

下偏差：10.0000，最大下偏差：10.0000

⑥⑦ 控制 V-9101 液位 80%(LICA1001.PV = 80.0000)。

质量指标

上偏差：10.0000，最大上偏差：10.0000

下偏差：10.0000，最大下偏差：10.0000

⑥⑧ 控制 V-9100 压力 0.4MPa(PIC1030.PV = 0.4000)。

质量指标

上偏差：0.0500，最大上偏差：0.1000

下偏差：0.0500，最大下偏差：0.1000

⑥⑨ 控制 V-9101 压力 0.4MPa(PIC1002.PV = 0.4000)。

质量指标

上偏差：0.0500，最大上偏差：0.1000

下偏差：0.0500，最大下偏差：0.1000

⑦⓪ 控制 R-9101 入口温度 330℃(TIC1015.PV = 330.0000)。

质量指标

上偏差：5.0000，最大上偏差：5.0000

下偏差：5.0000，最大下偏差：5.0000

⑦① 控制 V-9108 液位 50%(LICA1002.PV = 50.0000)。

质量指标

上偏差：10.0000，最大上偏差：10.0000

下偏差：10.0000，最大下偏差：10.0000

⑦② 控制 V-9108 压力 0.3MPa(PIC1014.PV = 0.3000)。

质量指标

上偏差：0.0500，最大上偏差：0.1000

下偏差：0.0500，最大下偏差：0.1000

⑦③ 控制系统压力 6.0MPa(PIC1015.PV = 6.0000)。

质量指标

上偏差：0.3000，最大上偏差：0.5000

下偏差：0.3000，最大下偏差：0.5000

(74) 控制 V-9102 液位 50%(LICA1003.PV = 50.0000)。
质量指标
上偏差：10.0000，最大上偏差：10.0000
下偏差：10.0000，最大下偏差：10.0000
(75) 控制 V-9102 界位 50%(LICA1005.PV = 50.0000)。
质量指标
上偏差：10.0000，最大上偏差：10.0000
下偏差：10.0000，最大下偏差：10.0000
(76) 控制 V-9103 液位 50%(LICA1009.PV = 50.0000)。
质量指标
上偏差：10.0000，最大上偏差：10.0000
下偏差：10.0000，最大下偏差：10.0000
(77) 控制 V-9103 压力 1.6MPa(PIC1016.PV = 1.6000)。
质量指标
上偏差：0.5000，最大上偏差：1.0000
下偏差：0.5000，最大下偏差：1.0000
(78) 控制 T-9101 液位 50%(LICA1011.PV = 50.0000)。
质量指标
上偏差：10.0000，最大上偏差：10.0000
下偏差：10.0000，最大下偏差：10.0000
(79) 控制 V-9109 液位 50%(LICA1013.PV = 50.0000)。
质量指标
上偏差：10.0000，最大上偏差：10.0000
下偏差：10.0000，最大下偏差：10.0000
(80) 控制 V-9109 压力 0.3MPa(PIC1017.PV = 0.3000)。
质量指标
上偏差：0.5000，最大上偏差：1.0000
下偏差：0.5000，最大下偏差：1.0000
(81) 控制 T-9201 液位 50%(LICA2001.PV = 50.0000)。
质量指标
上偏差：10.0000，最大上偏差：10.0000
下偏差：10.0000，最大下偏差：10.0000
(82) 控制 V-9201 液位 50%(LICA2002.PV = 50.0000)。
质量指标

上偏差：10.0000，最大上偏差：10.0000

下偏差：10.0000，最大下偏差：10.0000

(83) 控制V-9201界位50%(LICA2003.PV = 50.0000)。

质量指标

上偏差：10.0000，最大上偏差：10.0000

下偏差：10.0000，最大下偏差：10.0000

(84) 控制V-9201压力0.85MPa(PIC2002.PV = 0.8500)。

质量指标

上偏差：0.0500，最大上偏差：0.1000

下偏差：0.0500，最大下偏差：0.1000

(85) 控制F-9201出口温度308℃(TICA2018.PV = 308.0000)。

质量指标

上偏差：5.0000，最大上偏差：5.0000

下偏差：5.0000，最大下偏差：5.0000

(86) 控制T-9202液位50%(LICA2004.PV = 50.0000)。

质量指标

上偏差：10.0000，最大上偏差：10.0000

下偏差：10.0000，最大下偏差：10.0000

(87) 控制T-9202塔顶温度166℃(TIC2007.PV = 166.0000)。

质量指标

上偏差：2.5000，最大上偏差：5.0000

下偏差：2.5000，最大下偏差：5.0000

(88) 控制V-9202液位50%(LICA2005.PV = 50.0000)。

质量指标

上偏差：10.0000，最大上偏差：10.0000

下偏差：10.0000，最大下偏差：10.0000

(89) 控制V-9202界位50%(LICA2006.PV = 50.0000)。

质量指标

上偏差：10.0000，最大上偏差：10.0000

下偏差：10.0000，最大下偏差：10.0000

(90) 控制V-9202压力0.1MPa(PIC2003.PV = 0.1000)。

质量指标

上偏差：0.0300，最大上偏差：0.0500

下偏差：0.0300，最大下偏差：0.0500

(91) 控制 V-9305 液位 50%(LICA3001.PV = 50.0000)。

质量指标

上偏差：10.0000，最大上偏差：10.0000

下偏差：10.0000，最大下偏差：10.0000

(92) 控制 V-9305 压力 0.85MPa(PIC3010.PV = 0.8500)。

质量指标

上偏差：0.0500，最大上偏差：0.1000

下偏差：0.0500，最大下偏差：0.1000

(93) 控制 V-9301 液位 50%(LICA3002.PV = 50.0000)。

质量指标

上偏差：10.0000，最大上偏差：10.0000

下偏差：10.0000，最大下偏差：10.0000

(94) 控制 V-9301 压力 0.85MPa(PIC3011.PV = 0.8500)。

质量指标

上偏差：0.0500，最大上偏差：0.1000

下偏差：0.0500，最大下偏差：0.1000

(95) 控制 V-9307 压力 0.5MPa(PIC3003.PV = 0.5000)。

质量指标

上偏差：0.0500，最大上偏差：0.1000

下偏差：0.0500，最大下偏差：0.1000

(96) 控制燃料油压力 0.8MPa(PIC3004.PV = 0.8000)。

质量指标

上偏差：0.0500，最大上偏差：0.1000

下偏差：0.0500，最大下偏差：0.1000

（8）生产实习高级 7（贫氨液泵故障）

① 全开循环氢脱硫塔 T-9101 旁路阀，切除循环氢脱硫系统(HIC1001.OP > 99.0000)。

② 关闭贫液泵 P-9103A 出口阀(P9103AO.OP < 0.5000)。

③ C-9102A 负荷降为零(RTC9102A.OP = 0.0000)。

④ 关闭混合原料油自装置外进料阀(VX5V9100.OP < 0.5000)。

⑤ 关闭 P-9100A 出口阀(P9100AO.OP < 0.5000)。

⑥ 停泵 P-9100(PIP9100A.PV < 0.5000)。

⑦ 停泵 P-9102(PIP9102A.PV < 0.5000)。

⑧ 关闭 P-9102A 出口阀(P9102AO.OP < 0.5000)。

⑨ 关闭注水点截止阀(VI4V9108.OP < 0.5000)。

⑩ P-9101 出口流量降到 143000kg/h(FIC1013.PV ⩽ 143000.0000)。
⑪ F-9101 降温不熄炉，出口温度降到 230℃(TIC1015.PV ⩽ 230.0000)。
⑫ 打开 V-9102 顶放空阀维持系统压力不超过 6.2MPa(VX2V9105.OP > 0.5000)。
⑬ 关闭低分油进分馏系统截止阀(VI5V9103.OP < 0.5000)。
⑭ 反应系统改自循环(VI6V9103.OP > 0.5000)。
⑮ V-9103 气相改去火炬(VI4V9103.OP > 0.5000)。
⑯ V-9103 气相去装置外阀关(VI1V9103.OP < 0.5000)。
⑰ 关闭精制柴油出装置阀(VI1A9203.OP < 0.5000)。
⑱ 分馏系统改分馏冷循环(VI3A9203.OP > 0.5000)。
⑲ V-9201 气相改去火炬(VI2V9201.OP > 0.5000)。
⑳ V-9201 气相出装置阀关(VI1V9201.OP < 0.5000)。
㉑ V9202 气相改去火炬(VI4V9202.OP > 0.5000)。
㉒ V-9202 气相去 F-9201 阀关(VI5V9202.OP < 0.5000)。
㉓ 系统压力不得超过 6.5MPa,否则扣分(PIC1015.PV > 6.5000)。

（9）生产实习高级 8（循环氢压缩机故障）

① 关闭 C-9101 入口阀(C9101I.OP < 0.5000)。
② 关闭 C-9101 出口阀(C9101O.OP < 0.5000)。
③ 关闭汽轮机入口阀(VI4V9111.OP < 0.5000)。
④ 关闭汽轮机出口阀(VI3V9111.OP < 0.5000)。
⑤ 打开中压蒸汽放空阀(VI2V9111.OP > 0.5000)。
⑥ 打开中压蒸汽放空阀(VI2V9111.OP > 0.5000)。
⑦ 打开中压蒸汽排凝阀(VX3V9111.OP > 0.5000)。
⑧ 关闭 P-9101 出口阀(P9101AO.OP < 0.5000)。
⑨ 关 P-9101 出口流量控制阀(FIC1013.OP < 0.5000)。
⑩ 关闭混合原料油自装置外进料阀(VX5V9100.OP < 0.5000)。
⑪ 关闭 P-9100 出口阀(P9100AO.OP < 0.5000)。
⑫ 停泵 P-9100(PIP9100A.PV < 0.5000)。
⑬ 停注水泵 P-9102(PIP9102A.PV < 0.5000)。
⑭ 关闭 P-9102 出口阀(P9102AO.OP < 0.5000)。
⑮ 关闭注水点截止阀(VI4V9108.OP < 0.5000)。
⑯ 确认 F-9101 主火嘴截止阀关闭(VI4F9101.OP < 0.5000)。
⑰ 确认 F-9101 主火嘴控制阀前阀关闭(PV1006I.OP < 0.5000)。
⑱ 确认 F-9101 主火嘴控制阀后阀关闭(PV1006O.OP < 0.5000)。
⑲ 停汽提塔汽提蒸汽(FV2001.OP < 0.5000)。

⑳ F-9201 降温不熄炉，出口温度降到 250℃(TICA2018.PV ≤ 250.0000)。
㉑ 将反应系统压力降至 4.5MPa，不得低于 3.5MPa(PIC1015.PV ≤ 4.5000)。
㉒ 打开 T-9101 旁路阀，将循环氢脱硫塔系统切除(HIC1001.OP > 99.0000)。
㉓ 手动关闭 V-9102 液位控制阀(LICA1003.OP < 0.5000)。
起始条件(返回最后一项,优先):
LICA1003.MODE < 0.5000
㉔ 关闭 V-9102 液位控制前截止阀(LV1003I.OP < 0.5000)。
㉕ 关闭 V-9102 液位控制后截止阀(LV1003O.OP < 0.5000)。
㉖ 手动关闭 V-9103 流量控制阀(FIC1022.OP < 0.5000)。
起始条件(返回最后一项,优先):
FIC1022.MODE < 0.5000
㉗ 关闭 V-9103 流量控制前截止阀(FV1022I.OP < 0.5000)。
㉘ 关闭 V-9103 流量控制后截止阀(FV1022O.OP < 0.5000)。
㉙ V-9103 气相改去火炬(VI4V9103.OP > 0.5000)。
㉚ V-9103 气相去装置外阀关(VI1V9103.OP < 0.5000)。
㉛ V-9201 气相改去火炬(VI2V9201.OP > 0.5000)。
㉜ V-9201 气相出装置阀关(VI1V9201.OP < 0.5000)。
㉝ V-9202 气相改去火炬(VI4V9202.OP > 0.5000)。
㉞ V-9202 气相去 F-9201 阀关(VI5V9202.OP < 0.5000)。
㉟ 关闭精制柴油出装置阀(VI1A9203.OP < 0.5000)。
㊱ 分馏系统改分馏冷循环(VI3A9203.OP > 0.5000)。
㊲ 关闭轻石脑油出装置阀(VI1V9202.OP < 0.5000)。
㊳ 打开轻石脑油不合格线阀(VI2V9202.OP > 0.5000)。
㊴ 打开不合格线总阀(VI4A9203.OP > 0.5000)。
㊵ 反应系统压力不得低于 3.5MPa,否则扣分(PIC1015.PV < 3.5000)。
㊶ 反应系统压力不得高于 6.5MPa,否则扣分(PIC1015.PV > 6.5000)。

(10）生产实习高级 9（反应器超温）

① 将反应系统压力降至 4.5MPa，不得低于 3.5MPa(PIC1015.PV ≤ 4.5100)。
② 反应器床层温度控制打手动全开注冷氢(TICA1025B.OP > 95.0000)。
起始条件(返回最后一项,优先):
TICA1025B.MODE < 0.5000
③ 确认 F-9101 主火嘴前截止阀关闭(PV1006I.OP < 0.5000)。
④ 确认 F-9101 主火嘴后截止阀关闭(PV1006O.OP < 0.5000)。
⑤ 将 A-9101 空冷打手动，调频开到 100(TIC1055.OP > 95.0000)。

起始条件(返回最后一项,优先):

TIC1055.MODE < 0.5000

⑥ 停汽提塔汽提蒸汽(FV2001.OP < 0.5000)。

⑦ F-9201 降温不熄炉，出口温度降到 250℃(TICA2018.PV ≤ 250.0000)。

⑧ 新氢压缩机 C-9102A 负荷降为零(RTC9102A.OP = 0.0000)。

⑨ 关闭混合原料进装置阀(VX5V9100.OP < 0.5000)。

⑩ 打开 P-9101A 最小流量阀到 30(FV1009A.OP ≥ 30.0000)。

⑪ 关闭 P-9101A 出口阀(P9101AO.OP < 0.5000)。

⑫ 停 P-9101A(PIP9101A.PV < 0.5000)。

起始条件(与):

P9101AO.OP < 0.5000

FV1009A.OP > 0.5000

⑬ 关闭 P-9101A 最小流量阀(FV1009A.OP < 0.5000)。

⑭ 关 P-9101 出口流量控制阀(FIC1013.OP < 0.5000)。

⑮ 关闭 P-9100A 出口阀(P9100AO.OP < 0.5000)。

⑯ 停 P-9100A(PIP9100A.PV < 0.5000)。

⑰ 关闭 P-9102A 出口阀(P9102AO.OP < 0.5000)。

⑱ 停 P-9102A(PIP9102A.PV < 0.5000)。

⑲ 关闭注水点截止阀(VI4V9108.OP < 0.5000)。

⑳ 全开 T-9101 旁路阀，将循环氢脱硫塔系统切除(HIC1001.OP > 99.0000)。

㉑ 手动关闭 V-9102 液位控制阀(LICA1003.OP < 0.5000)。

起始条件(返回最后一项,优先):

LICA1003.MODE < 0.5000

㉒ 关闭 V-9102 液位控制前截止阀(LV1003I.OP < 0.5000)。

㉓ 关闭 V-9102 液位控制后截止阀(LV1003O.OP < 0.5000)。

㉔ 手动关闭 V-9103 流量控制阀(FIC1022.OP < 0.5000)。

起始条件(返回最后一项,优先):

FIC1022.MODE < 0.5000

㉕ 关闭 V-9103 流量控制前截止阀(FV1022I.OP < 0.5000)。

㉖ 关闭 V-9103 流量控制后截止阀(FV1022O.OP < 0.5000)。

㉗ V-9103 气相改去火炬(VI4V9103.OP > 0.5000)。

㉘ V-9103 气相去装置外阀关(VI1V9103.OP < 0.5000)。

㉙ V-9201 气相改去火炬(VI2V9201.OP > 0.5000)。

㉚ V-9201 气相出装置阀关(VI1V9201.OP < 0.5000)。

㉛ V-9202 气相改去火炬(VI4V9202.OP > 0.5000)。
㉜ V-9202 气相去 F-9201 阀关(VI5V9202.OP < 0.5000)。
㉝ 关闭精制柴油出装置阀(VI1A9203.OP < 0.5000)。
㉞ 分馏系统改冷循环(VI3A9203.OP > 0.5000)。
㉟ 关闭轻石脑油出装置阀(VI1V9202.OP < 0.5000)。
㊱ 打开轻石脑油不合格线阀(VI2V9202.OP > 0.5000)。
㊲ 打开不合格线总阀(VI4A9203.OP > 0.5000)。
㊳ 反应系统压力不得低于 3.5MPa,否则扣分(PIC1015.PV < 3.5000)。
㊴ 反应系统压力不得高于 6.5MPa,否则扣分(PIC1015.PV > 6.5000)。

（11）生产实习高级 10（停燃料气）

① 确认 F-9101 主火嘴截止阀关闭(VI4F9101.OP < 0.5000)。
② 确认 F-9101 长明灯截止阀关闭(VI3F9101.OP < 0.5000)。
③ 确认 F-9101 主火嘴控制阀前阀关闭(PV1006I.OP < 0.5000)。
④ 确认 F-9101 主火嘴控制阀后阀关闭(PV1006O.OP < 0.5000)。
⑤ 停汽提塔汽提蒸汽(FV2001.OP < 0.5000)。
⑥ 确认 F-9201 燃料气主火嘴截止阀关闭(VI4F9201.OP < 0.5000)。
⑦ 确认 F-9201 燃料油主火嘴截止阀关闭(VI5F9201.OP < 0.5000)。
⑧ 确认 F-9201 长明灯截止阀关闭(VI3F9201.OP < 0.5000)。
⑨ 确认 F-9201 燃料气主火嘴控制阀前阀关闭(PV2005I.OP < 0.5000)。
⑩ 确认 F-9201 燃料气主火嘴控制阀后阀关闭(PV2005O.OP < 0.5000)。
⑪ 确认 F-9201 燃料油主火嘴控制阀前阀关闭(PV2008I.OP < 0.5000)。
⑫ 确认 F-9201 燃料油主火嘴控制阀后阀关闭(PV2008O.OP < 0.5000)。
⑬ 新氢压缩机 C-9102A 负荷降为零(RTC9102A.OP = 0.0000)。
⑭ 关闭混合原料进装置阀(VX5V9100.OP < 0.5000)。
⑮ 打开 P-9101A 最小流量阀(FV1009A.OP > 0.5000)。
⑯ 关闭 P-9101A 出口阀(P9101AO.OP < 0.5000)。
⑰ 停 P-9101A(PIP9101A.PV < 0.5000)。
⑱ 关闭 P-9101A 最小流量阀(FV1009A.OP < 0.5000)。
⑲ 关 P-9101 出口流量控制阀(FIC1013.OP < 0.5000)。
⑳ 关闭 P-9100A 出口阀(P9100AO.OP < 0.5000)。
㉑ 停 P-9100A(PIP9100A.PV < 0.5000)。
㉒ 停 P-9102A(PIP9102A.PV < 0.5000)。
㉓ 关闭 P-9102A 出口阀(P9102AO.OP < 0.5000)。
㉔ 关闭注水点截止阀(VI4V9108.OP < 0.5000)。

㉕ 将反应系统压力降至 4.5MPa，不得低于 3.5MPa(PIC1015.PV ⩽ 4.5100)。

㉖ 打开 T-9101 旁路阀，将循环氢脱硫塔系统切除(HIC1001.OP > 0.5000)。

㉗ 手动关闭 V-9102 液位控制阀(LICA1003.OP < 0.5000)。

起始条件(返回最后一项,优先)：

LICA1003.MODE < 0.5000

㉘ 关闭 V-9102 液位控制前截止阀(LV1003I.OP < 0.5000)。

㉙ 关闭 V-9102 液位控制后截止阀(LV1003O.OP < 0.5000)。

㉚ 手动关闭 V-9103 流量控制阀(FIC1022.OP < 0.5000)。

起始条件(返回最后一项,优先)：

FIC1022.MODE < 0.5000

㉛ 关闭 V-9103 流量控制前截止阀(FV1022I.OP < 0.5000)。

㉜ 关闭 V-9103 流量控制后截止阀(FV1022O.OP < 0.5000)。

㉝ V-9103 气相改去火炬(VI4V9103.OP > 0.5000)。

㉞ V-9103 气相去装置外阀关(VI1V9103.OP < 0.5000)。

㉟ V-9201 气相改去火炬(VI2V9201.OP > 0.5000)。

㊱ V-9201 气相出装置阀关(VI1V9201.OP < 0.5000)。

㊲ V-9202 气相改去火炬(VI4V9202.OP > 0.5000)。

㊳ V-9202 气相去 F-9201 阀关(VI5V9202.OP < 0.5000)。

㊴ 关闭精制柴油出装置阀(VI1A9203.OP < 0.5000)。

㊵ 分馏系统改分馏冷循环(VI3A9203.OP > 0.5000)。

㊶ 关闭轻石脑油出装置阀(VI1V9202.OP < 0.5000)。

㊷ 打开轻石脑油不合格线阀(VI2V9202.OP > 0.5000)。

㊸ 打开不合格线总阀(VI4A9203.OP > 0.5000)。

㊹ 反应系统压力不得低于 3.5MPa,否则扣分(PIC1015.PV < 3.5000)。

㊺ 反应系统压力不得高于 6.5MPa,否则扣分(PIC1015.PV > 6.5000)。

5. 生产实习项目列表

序　号	项 目 名 称	项 目 描 述	处 理 办 法
	生产实习初级（正常巡检）	基本项目	同操作规程
	生产实习中级巡检 1	基本项目	同操作规程
	生产实习中级巡检 2	基本项目	同操作规程
	生产实习中级巡检 3	基本项目	同操作规程
	生产实习中级巡检 4	基本项目	同操作规程
	生产实习中级巡检 5	特定事故	同操作规程
	生产实习中级巡检 6	特定事故	同操作规程
	生产实习中级巡检 7	特定事故	同操作规程

续表

序　　号	项 目 名 称	项 目 描 述	处 理 办 法
	生产实习中级巡检 8	特定事故	同操作规程
	生产实习中级巡检 9	特定事故	同操作规程
	生产实习中级巡检 10	特定事故	同操作规程
	生产实习中级巡检 11	特定事故	同操作规程
	生产实习中级巡检 12	特定事故	同操作规程
	生产实习高级 1（配置缓释制）	特定事故	同操作规程
	生产实习高级 2（过滤器切换旁路）	特定事故	同操作规程
	生产实习高级 3（切换 P-9101B）	特定事故	同操作规程
	生产实习高级 4（装置停工改小循环）	特定事故	同操作规程
	生产实习高级 5（装置停工改大循环）	特定事故	同操作规程
	生产实习高级 6（晃电）	特定事故	同操作规程
	生产实习高级 7（贫氨液泵故障）	特定事故	同操作规程
	生产实习高级 8（循环氢压缩机故障）	特定事故	同操作规程
	生产实习高级 9（反应器超温）	特定事故	同操作规程
	生产实习高级 10（停燃料气）	特定事故	同操作规程

6．生产实习仿 DCS 流程图画面

仿 DCS 流程图画面如图 2-3～图 2-20 所示。

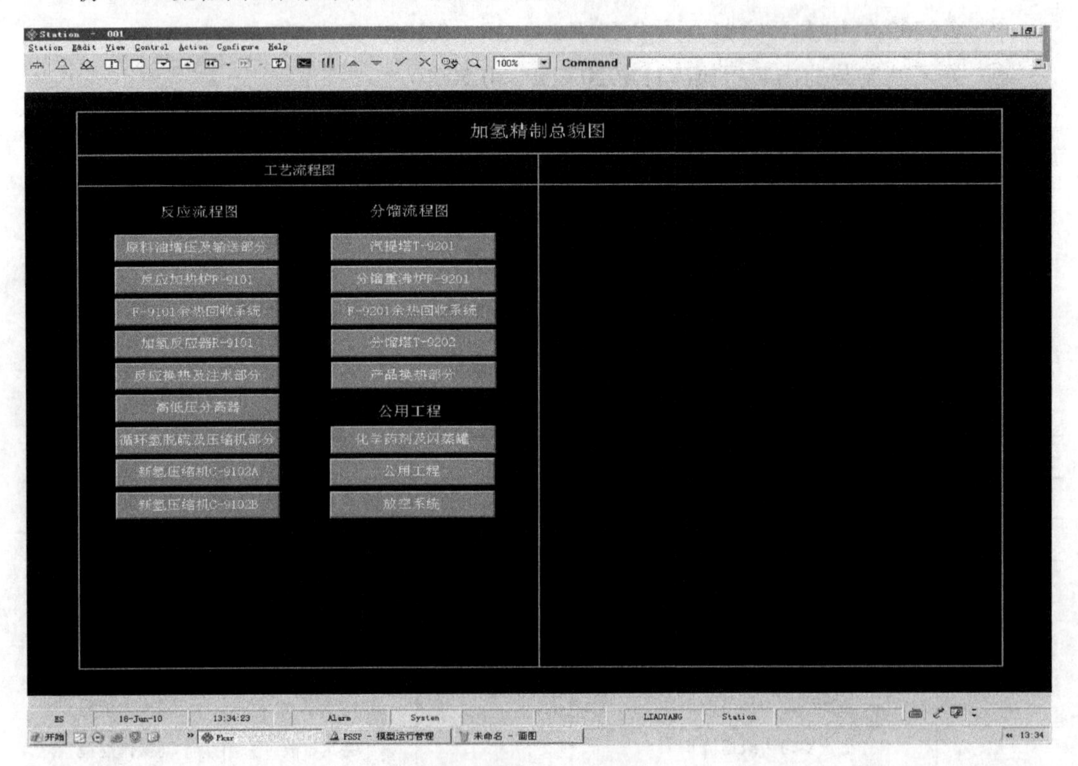

图 2-3　加氢精制总貌图

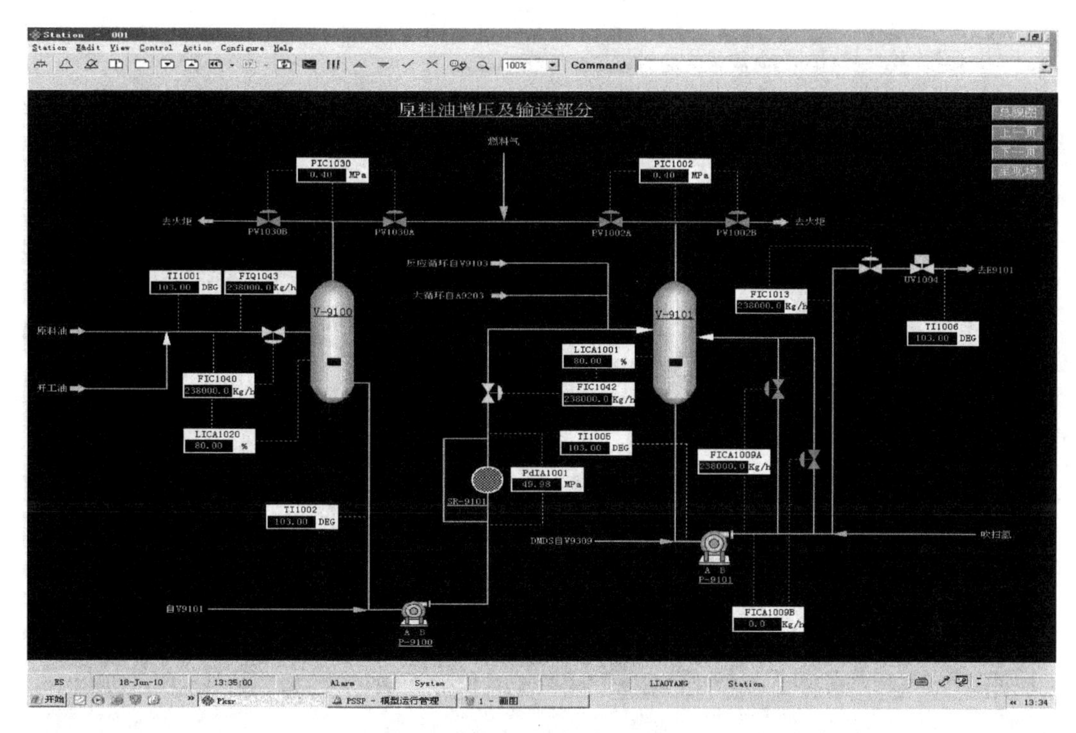

图 2-4　原料油增压及输送部分

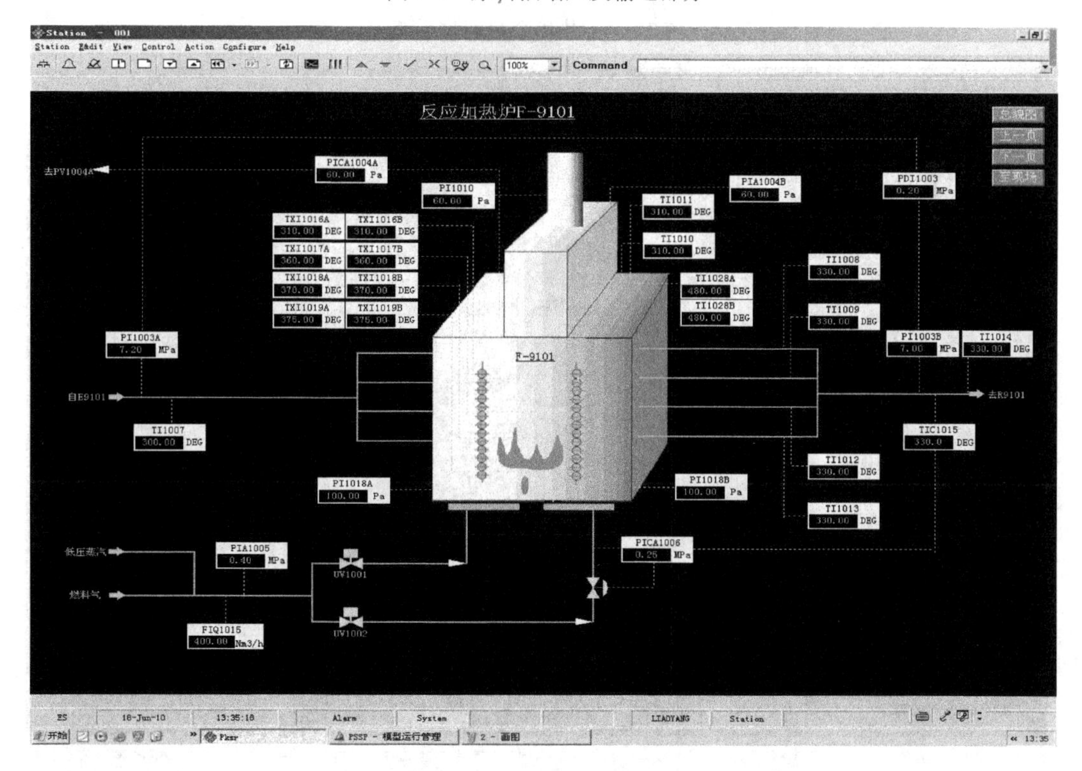

图 2-5　反应加热炉

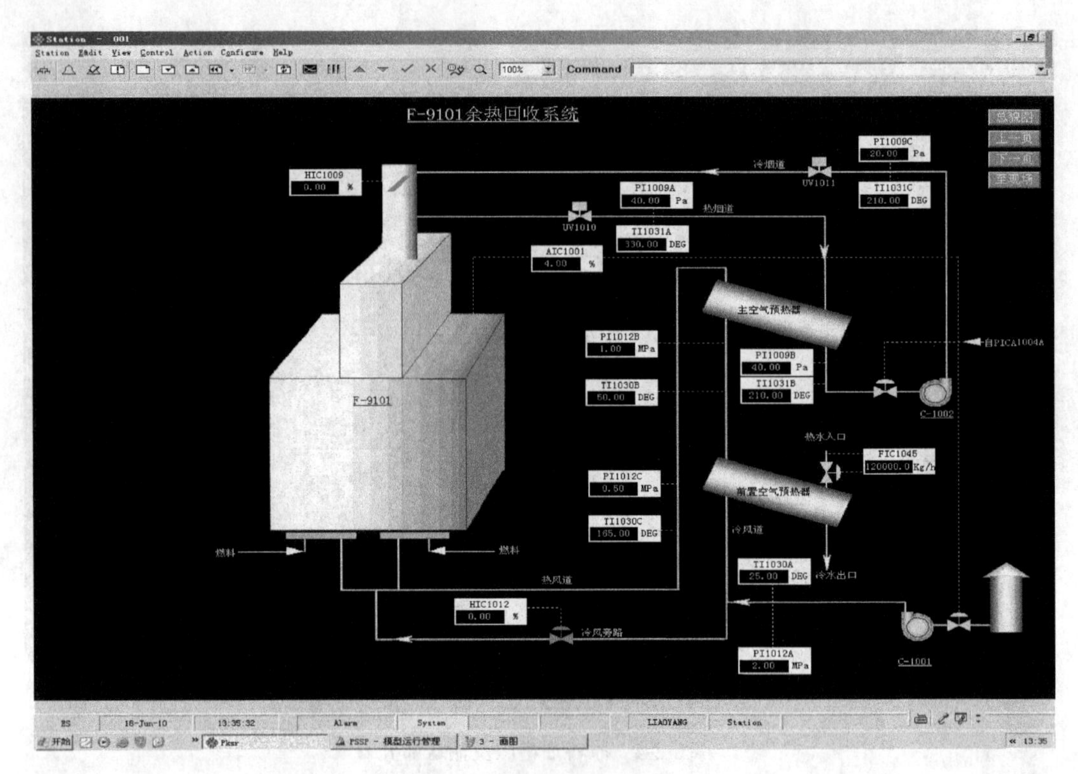

图 2-6 加热炉余热回收系统

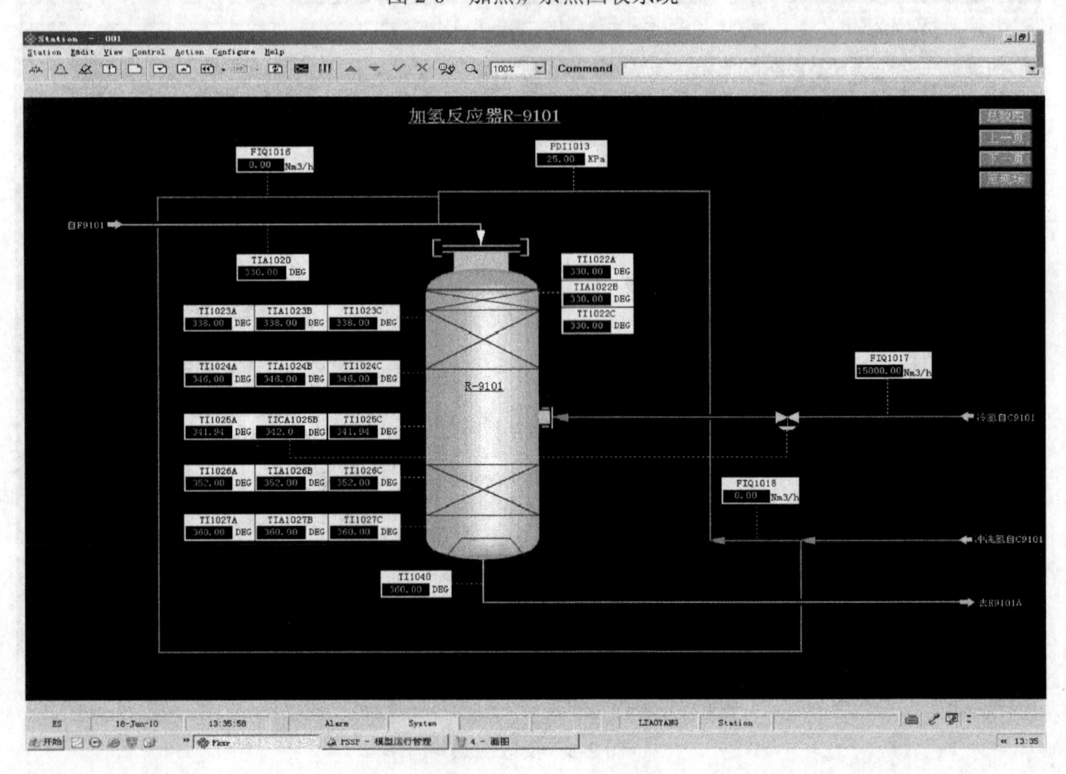

图 2-7 加氢反应器

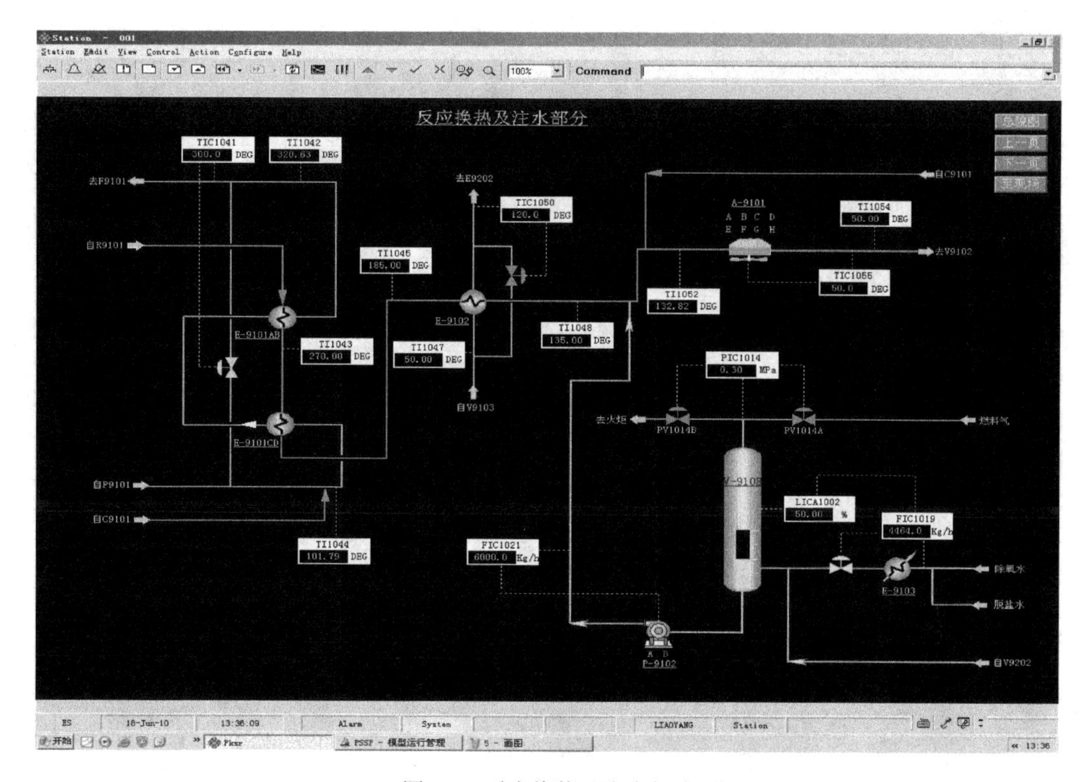

图 2-8　反应换热及注水部分

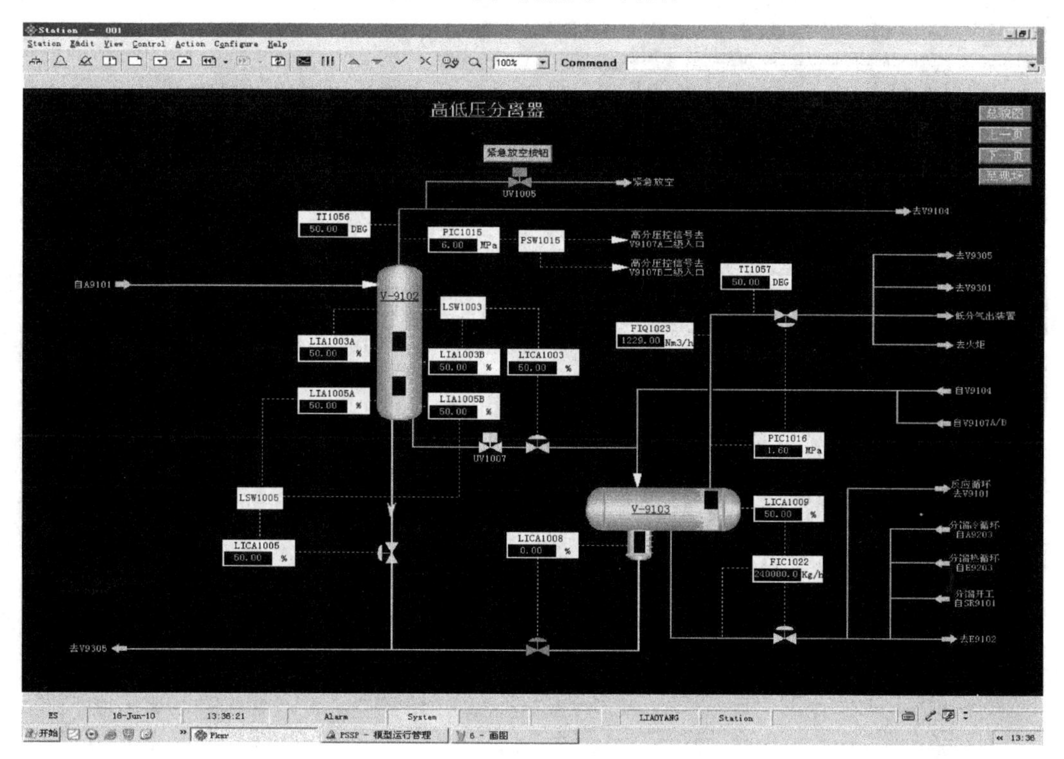

图 2-9　高低压分离器

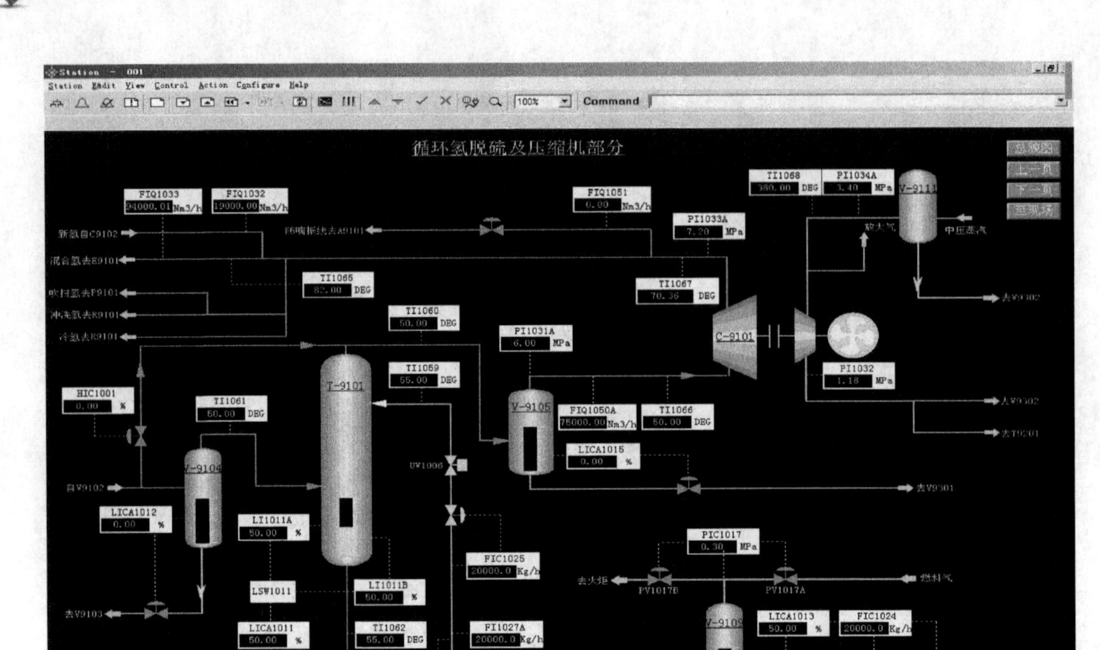

图 2-10 循环氢脱硫及压缩机部分

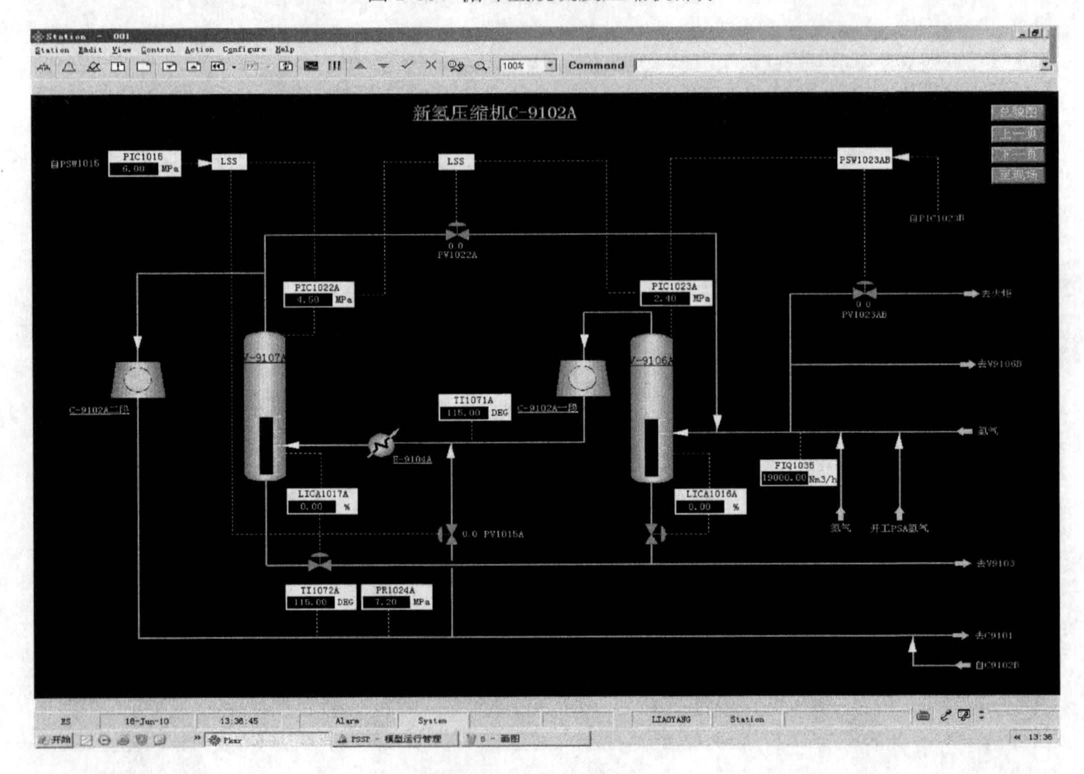

图 2-11 新氢压缩机 1

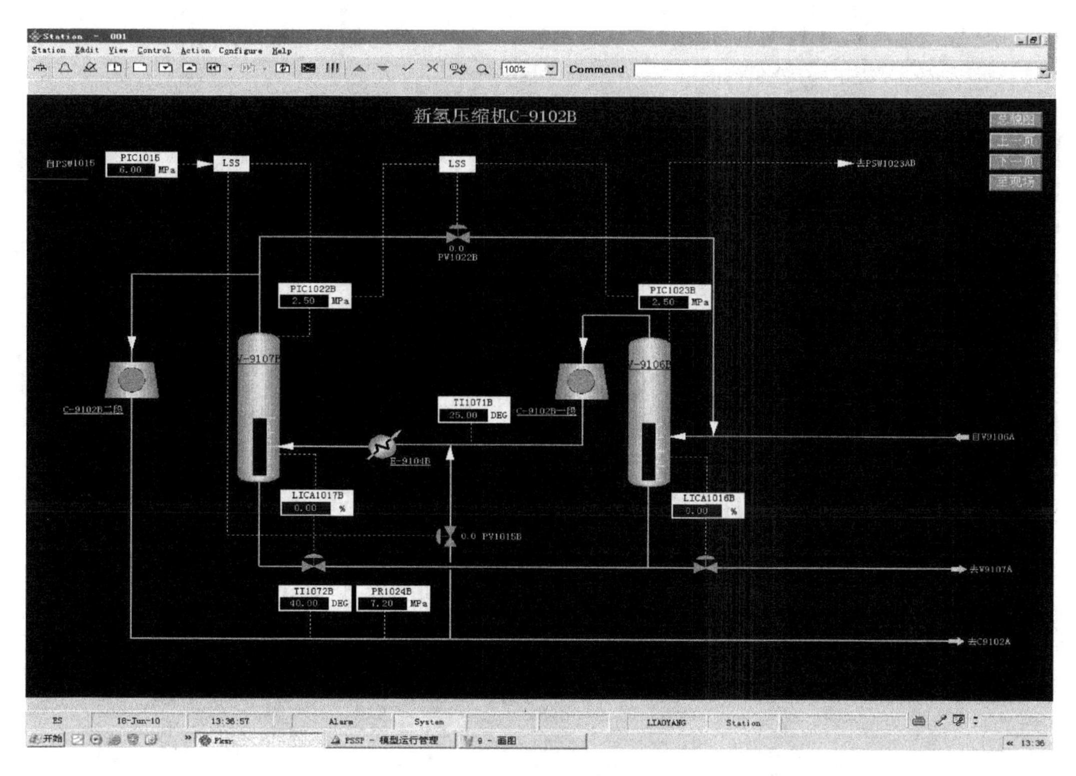

图 2-12 新氢压缩机 2

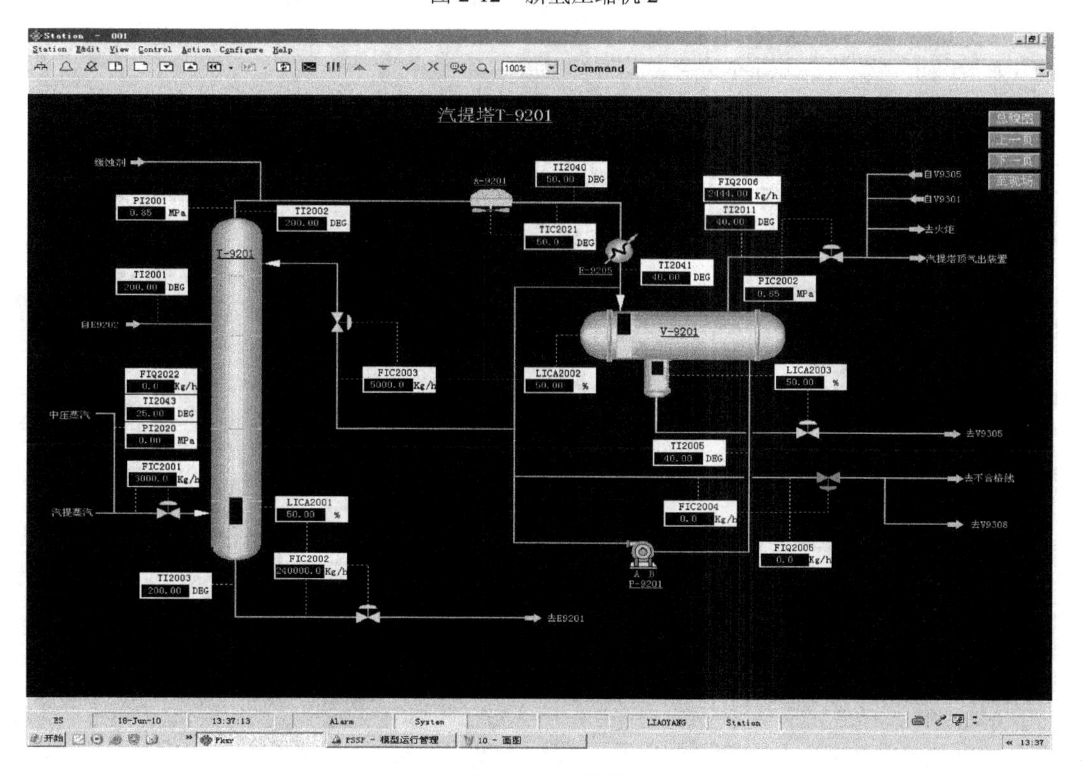

图 2-13 汽提塔

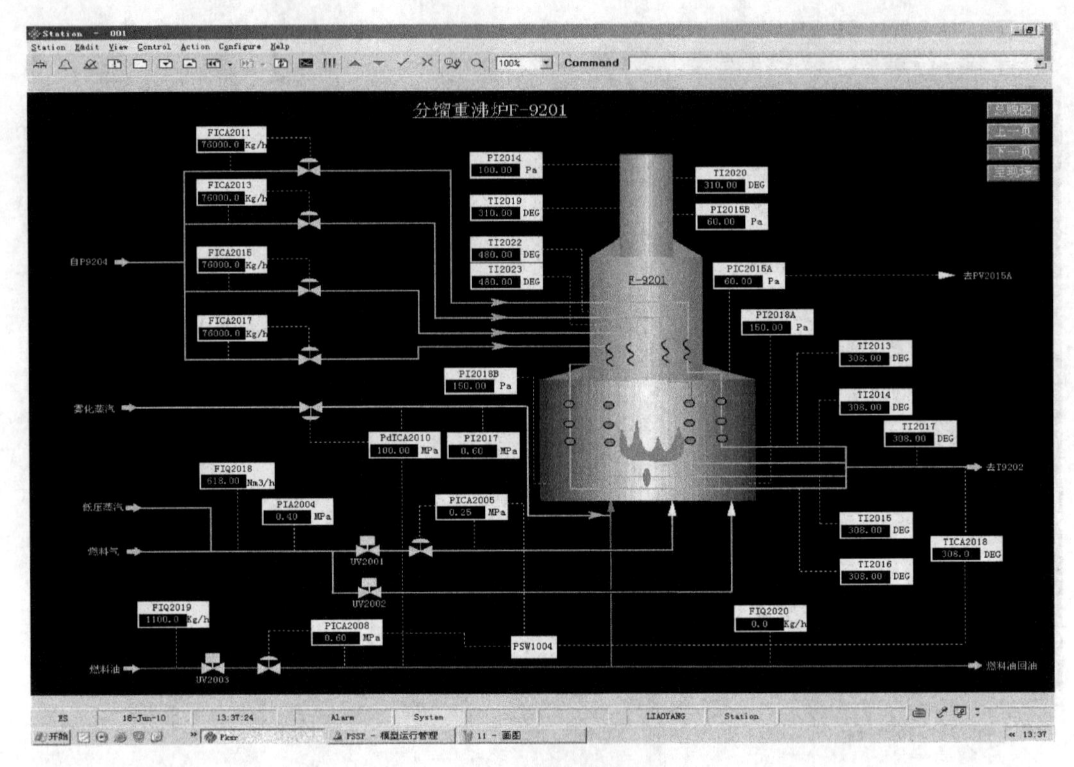

图 2-14 分馏重沸炉

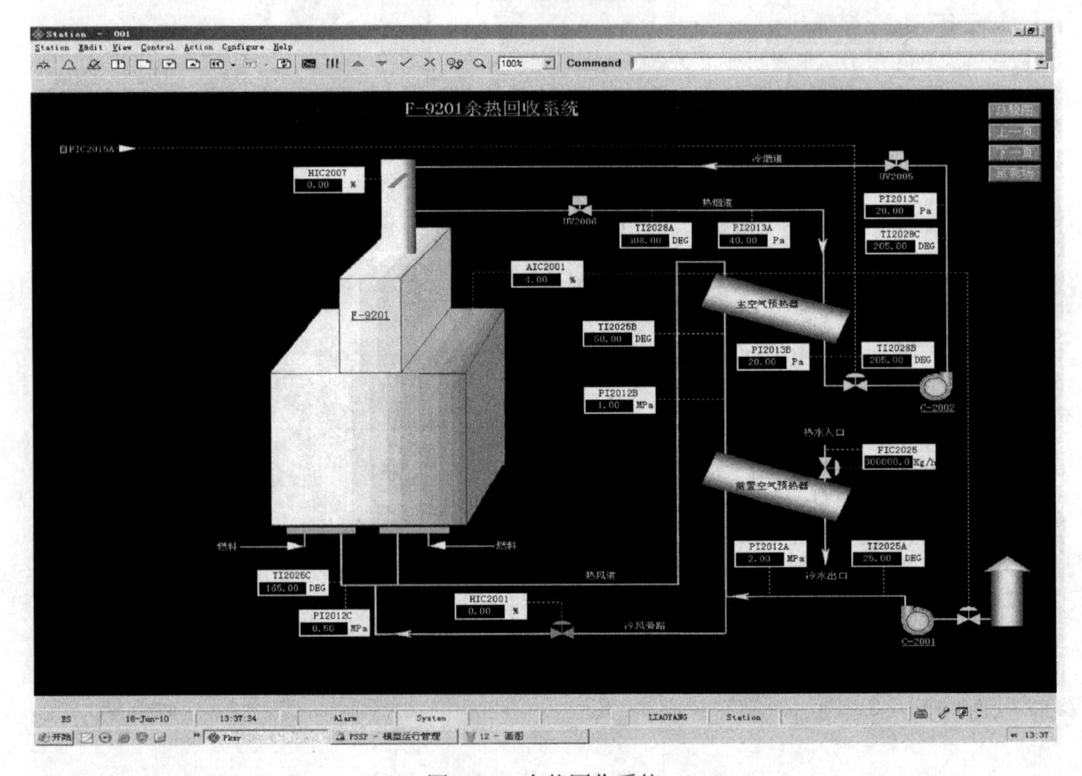

图 2-15 余热回收系统

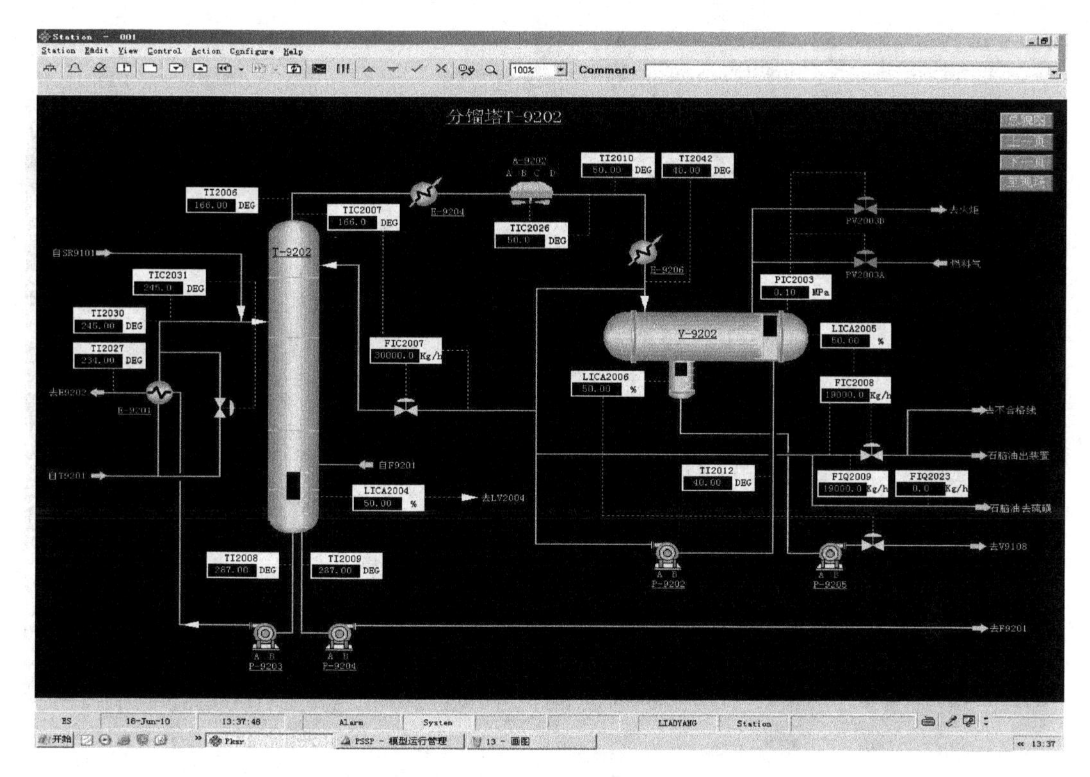

图 2-16 分馏塔

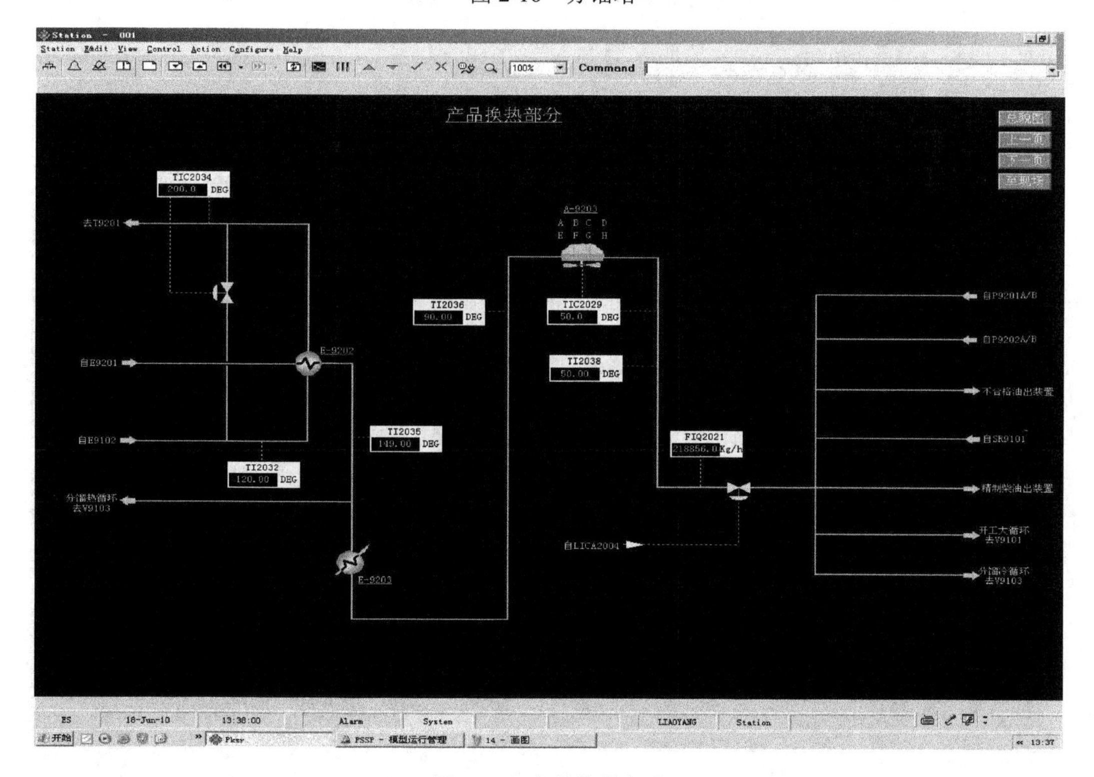

图 2-17 产品换热部分

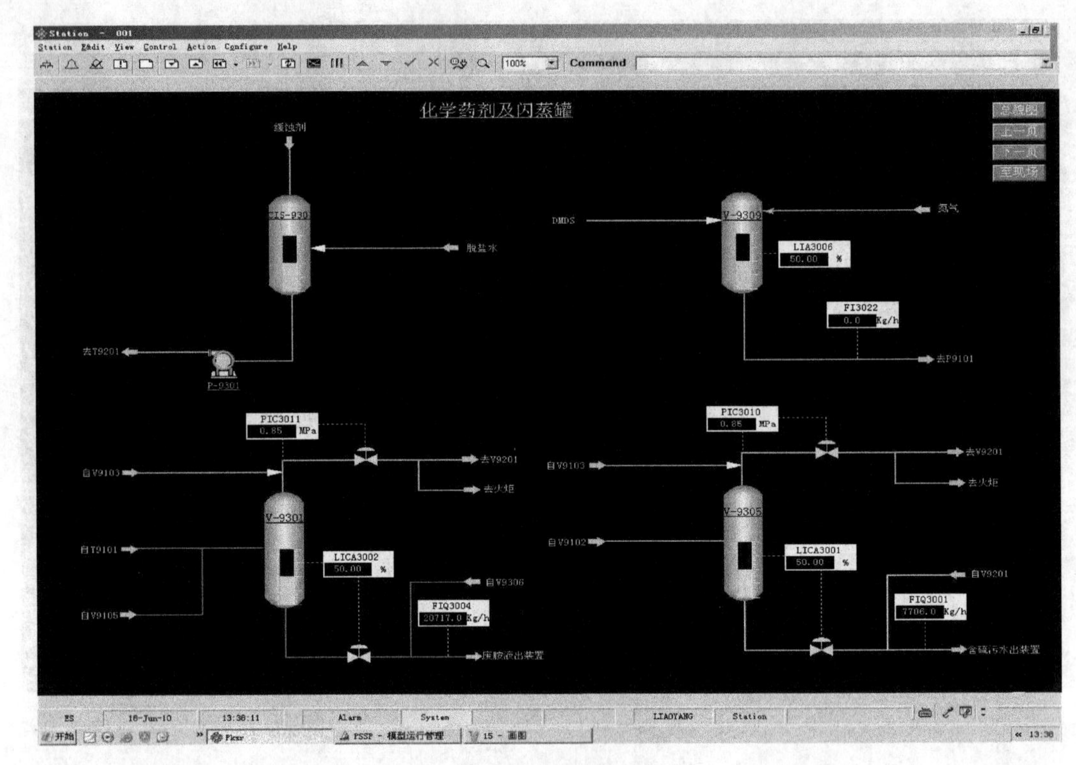

图 2-18 化学药剂及闪蒸罐

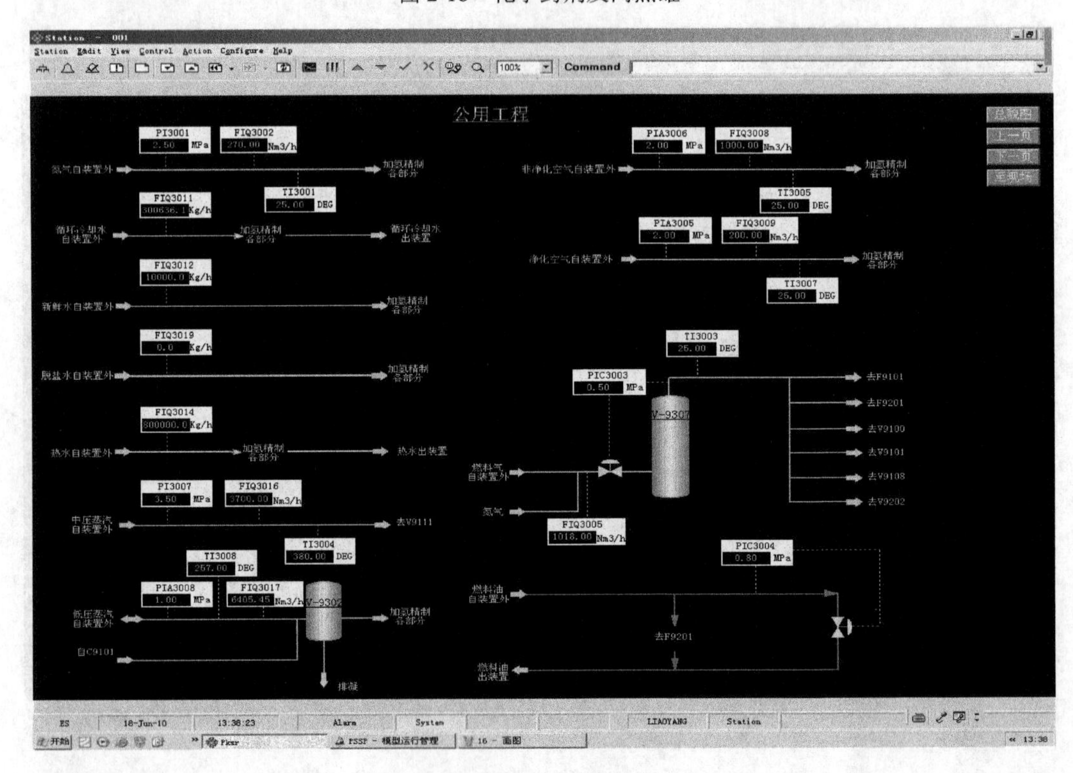

图 2-19 公用工程

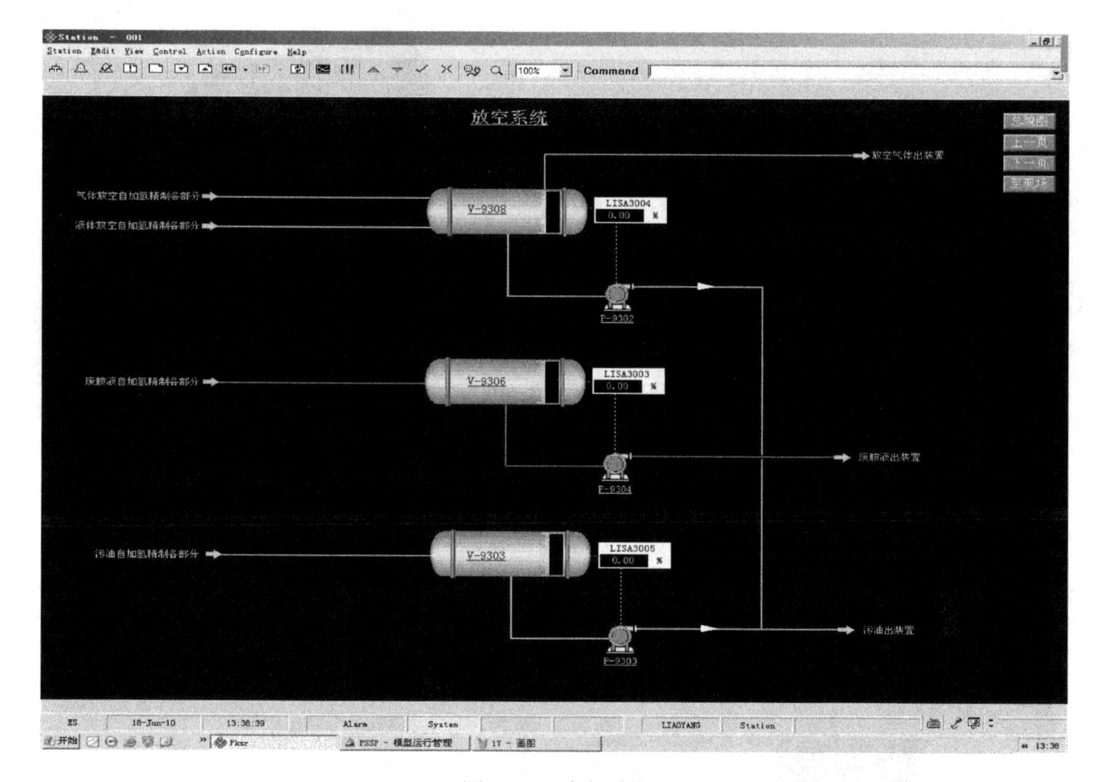
Station - 001
Station Edit View Control Action Configure Help
100%
Command
放空系统
总视图
上一页
下一页
至现场
放空气体出装置
气体放空自加氢精制各部分
液体放空自加氢精制各部分
V-9308
LISA3004
0.00 %
P-9302
废胺液自加氢精制各部分
V-9306
LISA3003
0.00 %
废胺液出装置
P-9304
污油自加氢精制各部分
V-9303
LISA3005
0.00 %
污油出装置
P-9303
ES
18-Jun-10
13:38:39
Alarm
System
LIAOYANG
Station
开始
PSSP - 模型运行管理
17 - 画图
13:38

图 2-20　放空系统

顶岗实习

一、仿真软件使用

启动方式：点击软件图标。如图 3-1 所示。

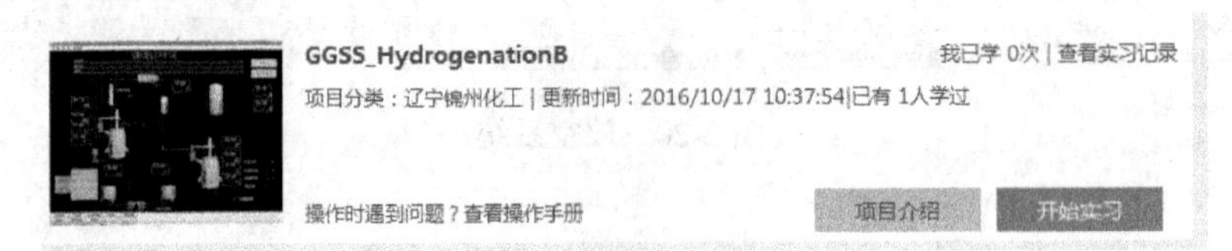

图 3-1 软件图标

选择培训项目，点击确定。如图 3-2 所示。

加氢装置生产实习

编号：233　姓名：233　模式：单机

培训项目

1. 生产实习初级（正常巡检）
2. 生产实习中级巡检1
3. 生产实习中级巡检2
4. 生产实习中级巡检3
5. 生产实习中级巡检4
6. 生产实习中级巡检5
7. 生产实习中级巡检6
8. 生产实习中级巡检7
9. 生产实习中级巡检8
10. 生产实习中级巡检9
11. 生产实习中级巡检10
12. 生产实习中级巡检11
13. 生产实习中级巡检12
14. 生产实习高级1（配置缓释剂）
15. 生产实习高级2（过滤器切换旁路）
16. 生产实习高级3（切换P9101B）
17. 生产实习高级4（装置停工改小循环）
18. 生产实习高级5（装置停工改大循环）
19. 生产实习高级6（晃电）
20. 生产实习高级7（贫氨液泵故障）
21. 生产实习高级8（循环氢压缩机故障）
22. 生产实习高级9（反应器超温）
23. 生产实习高级10（停燃料气）

☑ 运行评分　确定　退出

图 3-2　软件启动

二、顶岗实习仿真操作

1．正常开车

① 系统吹扫、单机试运、气密、水联运、烘炉等开工准备阶段完成，具备开车条件。

② 装置内公用工程系统首先处理完毕，投用水、电、蒸汽、风、氮气、火炬等，随时可用。

③ 氮气置换

a．打开 T-9101 旁路阀，切除循环氢脱硫塔系统，不启动新氢压缩机，打开新氢压缩机前的氮气阀，向反应系统置换氮气，使系统压力升至 1.0MPa。

b．打开各容器顶部氮气阀，向容器置换氮气，各容器分别为：原料油罐 V-9101、脱盐水罐 V-9108、贫溶剂罐 V-9109、低分罐 V-9103、汽提塔回流罐 V-9201、分馏塔回流罐 V-9202、含硫污水罐 V-9305、富胺液罐 V-9301 等。充压完毕后，关闭氮气阀，打开去火炬阀泄压进行氮气置换，然后用燃料气再次充压，完成置换过程后等待进行下面的过程。

④ 催化剂干燥。由于催化剂担体有吸湿性，湿催化剂与硫化油一起升温容易造成催化剂的破碎，增加床层压降。因此，催化剂的干燥操作，对保证催化剂的活性，避免催化剂破裂而引起床层压降升高是十分重要的。

催化剂干燥步骤：

a．氮气使系统压力升至 1.0MPa。

b．启动循环氢压缩机，建立氮气循环（循环氢压缩机全量循环），关闭氮气阀。

c．加热炉按规程点火升温。

d．以 10～15℃/h 的速度将反应器入口温度升至 250℃，恒温脱水。

e．对高温临氢设备、管路进行热紧。

f．定时排放高分和循环氢压缩机入口分液罐的水，准确称重并做好记录。

g．直到高分连续两次放不出水，确认系统不存水，即认为催化剂干燥已完成。

h．干燥结束后，反应器入口温度降至 150℃以下熄火。

i．待床层温度小于 100℃后停运 C-9101,反应系统压力降至常压。

干燥过程中，以反应器床层温度的最高点为干燥温度，升温速度控制≤20℃/h，升降压速度≤1.5MPa/h，

⑤ 催化剂预硫化

a. 催化剂干燥结束后，反应器床层最高的温度降至 150℃，反应系统压力降至常压。

b．启动新氢压缩机，引新氢进入反应系统，置换合格（氢纯度>85%）。

c．控制反应器床层温度在 150℃。

d．反应系统升压至正常操作压力。

e．控制好高分入口温度，适时投用 A-9101。

f．当反应器入口温度达到 150℃时，启动 P-9101A/B，向系统进硫化油，建立硫化油闭路循环。

g．按表 3-1 控制好催化剂湿法硫化温度、时间及注硫速度。

表 3-1 催化剂湿法硫化温度、时间及注硫速度

反应器入口温度/℃	升温速度/（℃/h）	时间/h	硫化剂注入速度/（kg/h）	高分尾气 H_2S 含量/%
常温→150	10～15			
150	—	3		
150→230	10～15	8		实测
230	—	8		0.3～0.8
230→290	10～15	6		实测
290	—	8		0.5～1.0
290→320	10～15	6		实测
320		2		0.5～1.0

⑥ 换正常原料油

a．催化剂预硫化完成后换进正常原料油。

b．启动注水泵向反应流出物空冷前注入脱盐水。

c．根据原料油性质调整反应器入口温度（控制反应入口升降温速度不大于 10℃/h）。

d．按要求控制好各部工艺参数。

⑦ 分馏部分开工

a．冷油运

（a）按以下流程送入开工油　开工油界区→V-9100→P-9100→E-9102→E-9202→T-9201→E-9201

↓

T-9202

（b）T-9202 底液位达 80%时，启动 P-9203A/B。

（c）T-9202 建立正常液位时停止进油，建立冷油循环（正常循环量）。

（d）T-9201 建立正常液位时停止进油，建立冷油循环。

（e）冷油运阶段，所有仪表、调节阀全部投用，并注意考察仪表的使用情况。

b．热油运　由于本装置分馏部分为汽油稳定流程，产品分馏塔设塔底重沸炉，因此热油运可在产品分馏塔独立完成，也可结合装置预硫化操作进行。

（a）维持冷油运时各塔、容器压力和液位正常。

（b）分馏塔重沸炉按规程点火升温，炉出口按要求逐步升温至工艺控制指标。

（c）控制好稳定塔底重沸器出口温度。

（d）根据温度情况启动各空冷器、水冷器。

（e）调整操作出合格产品。

（f）催化剂硫化结束后低分油缓慢改入 T-9201，同时缓慢关闭回 V-9101 线。

（g）注意调整操作，控制好 T-9201 塔底温度，避免塔底油带水。

（h）分馏塔液位上升时，启动 T-9202 液控，不合格柴油经不合格油线出装置。

（i）分馏塔塔顶回流罐液位上升时，建立塔顶正常回流，并启动 V-9202 液控，向 T-9202 减油。

（j）按规程启动注缓蚀剂泵，向塔顶管线注缓蚀剂。

（k）按工艺控制指标调整各部分操作，精制柴油、石脑油合格后，各种产品改进成品罐。

⑧ 循环氢脱硫塔系统开工

a．反应系统开工稳定后即可将循环氢脱硫连入。

b．打开硫黄来贫液阀，为贫液缓冲罐 V-9109 充液，启动泵 P-9103，向 T-9101 打液，冲洗塔盘建立液位后，打开塔底富液去硫黄液控阀，建立循环。

c．循环稳定后，逐渐关闭 T-9101 旁路阀。

d．循环氢脱硫联入系统后，调整各个指标，直至正常。

2．正常调节

正常运行时，应尽量调整各工艺参数到正常值（参照工艺卡片），并维持平稳生产。

3．正常停车

（1）建立装置内大循环

接到停工指令后汇报调度，装置开始停工，逐渐降泵 P-9101 进料至 143000kg/h，将各容器液位控制在正常范围内，停收原料油，分馏岗位改精制柴油回 V-9101，建立装置内大循环。

装置内循环流程如下：

V-9101→P-9101→E-9101（壳）→炉-9101→反-9101→E-9101(管)→E-9102（管）→空冷-9101→V-9102→V-9103→E-9102（壳）→E-9202（壳）→T-9201→E-9201（管）→T-9202→P-9203→E-9109（管）→E-9201（壳）→E-9202（壳）→E-9203（壳）空冷-9203→产品集合管排→V-9101

（2）降温、降压

改内循环后将 V-9103 废氢流控改连火炬，至反应器床层无温升后，F-9101 出口温度以 20～25℃/h 速度降温至 200℃，V-9102 压力以 0.5MPa/h 的速度降至 4.0MPa。

改循环后缓慢降低 F-9201 出口温度，到 150℃时熄炉，V-9201 液面不能维持后停泵 P-9201。

（3）停进料、热氢带油

停进料泵 P-9101，同时改部分循环氢至 P-9101 出口进料线，临氢系统开始热氢带油，维持反应器入口温度在 150～200℃，V-9102 压力在 4.0～5.0 MPa。

（4）分馏系统改塔底循环

反应部分停进料后，F-9201 出口以 20～25℃/h 速度降温至熄火，停注缓蚀剂泵，分馏系统改塔底循环，循环流程如下：

T-9201→E-9201（管）→T-9202→P-9203→E-9201（壳）→E-9202（壳）→E-9203（壳）→A-9203→产品集合管排→E-9202（管）→T-9201

轻石脑油经不合格油线回罐，V-9202 液位不能维持后停泵 P-9202。T-9202 液位不能维持后，精致柴油停止出装置，关好有关阀门。

热氢带油 48h 后抬高 V-9102 界面，将存油全部压入分馏系统，关液控阀的截止阀；

然后停注水泵，将 V-9102 存水压入含硫污水系统，关界控阀的截止阀。

（5）停氢气循环，临氢系统氮气置换

① 将 R-9101 入口以 20～25℃/h 的速度降至 F-9101 熄火，待 R-9101 床层温度低于 80℃后，V-9102 压力以 0.1MPa/5min 的速度降至 2.0MPa，停压缩机，系统以 0.1MPa/5min 的速度彻底泄压。

② 从 C-9102 入口往临氢系统充入氮气,置换充压到 0.5MPa。

（6）停循环氢脱硫塔系统

① 将循环氢脱硫系统切除。

② 关闭贫液进料阀，将贫液缓冲罐内的贫液全部打至 T-9101 内，然后手动打开 T-9101 液控阀，将塔内液体全部退至富胺液系统。

（7）退油

① 将 V-9103 内油全部退往 T-9201 后，关液控阀的截止阀。

② 将 T-9201、T-9202 内油退往储运罐区，停 P-9203、P-9204。

③ 原料系统 V-9101 存油退至储运罐区，V-9202 存油用 P-9202 退至储运罐区。

4．事故处理

（1）停电

事故原因：供电系统故障。

事故现象：装置照明灭后不恢复，泵及新氢压缩机、空冷器停运，ESD 系统动作，加热炉熄炉。

处理方法：

① 将反应系统压力降至 4.5MPa，不得低于 3.5 MPa。

② 手动关闭高低分切断阀以及加热炉燃料截止阀。

③ 关闭各机泵出口阀门。

④ 压缩机负荷降为零。

⑤ 关闭汽轮机出入口阀，打开中压蒸汽放空及排凝。

⑥ 各罐体气相改火炬，精制柴油和石脑油改不合格线出装置。

（2）晃电

事故原因：供电系统故障。

事故现象：装置照明短暂灭后又恢复，泵及新氢压缩机、空冷器停运，ESD 系统动作，加热炉熄炉。

处理方法：

① 控制反应系统压力不超过 6.5 MPa。

② 现场启动备用转动设备（必须先关闭泵出口阀门）。

③ 启动相应停运空冷风机。

④ 启动新氢压缩机。

⑤ 逐步恢复正常操作条件。

（3）进料泵故障（单台）

事故原因：主进料泵故障。

事故现象：V-9101 液面快速上涨，P-9101 运行指示灯不亮，FIC-1013 流量指示大幅度下降或回零。

处理方法：

① 关闭 P-9101A 出口阀。

② 控制反应器入口温度降至 290℃。

③ 打开 P-9101B 最小流量阀。

④ 启动备泵 P-9101B。

⑤ 重新点炉 F-9101，逐步恢复正常操作条件。

（4）停燃料

事故原因：燃料中断或压力降低。

事故现象：F-9101、F-9201 熄火，燃料压力及流量急剧下降，DCS 报警。

处理方法：

① 手动关闭加热炉燃料截止阀。

② 停汽提塔汽提蒸汽。

③ 新氢压缩机负荷降为零。

④ 停止原料进料。

⑤ 停 P-9101 及 P-9102，关闭出口阀。

⑥ 将反应系统压力降至 4.5MPa，不得低于 3.5 MPa。

⑦ 将循环氢脱硫塔系统切除。

⑧ 手动关闭高低分切断阀。

⑨ 各罐体气相改火炬，精制柴油和石脑油改不合格线出装置。

（5）新氢中断

事故原因：氢气中断或系统压力降低。

事故现象：V-9307 压力下降，新氢进 V-9106 流量指示大幅度下降或回零。

处理方法：

① 新氢压缩机负荷降为零。

② 关闭边界外新氢进料阀。

③ 停汽提塔汽提蒸汽，F-9101 及 F-9201 降温不熄炉。

④ 停止原料进料。

⑤ 停 P-9101 及 P-9102，关闭出口阀。

⑥ 将反应系统压力降至 4.5MPa，不得低于 3.5 MPa。

⑦ 将循环氢脱硫塔系统切除。

⑧ 手动关闭高低分切断阀。

⑨ 各罐体气相改火炬，精制柴油和石脑油改不合格线出装置。

（6）循环氢压缩机故障

事故原因：循环氢压缩机故障。

事故现象：P-92101 停运，F-9101 熄火，反应器床层温度将急升。

处理方法：

① 关闭循环氢压缩机出入口阀。

② 关闭汽轮机出入口阀，打开中压蒸汽放空及排凝。

③ 停汽提塔汽提蒸汽，熄 F-9101，F-9201 降温不熄炉。

④ 停止原料进料。

⑤ 停 P-9101 及 P-9102，关闭出口阀。

⑥ 将反应系统压力降至 4.5MPa，不得低于 3.5 MPa。

⑦ 将循环氢脱硫塔系统切除。

⑧ 手动关闭高低分切断阀。

⑨ 各罐体气相改火炬，精制柴油和石脑油改不合格线出装置。

（7）重沸炉泵故障

事故原因：重沸炉泵故障。

事故现象：F-9201 四组循环量降低，F-9201 炉膛温度上升。

处理方法：

① 关闭 P-9204 出口阀，四组循环控制阀手动关闭。

② 关闭 F-9201 燃料截止阀。

③ 停汽提塔汽提蒸汽。

④ 新氢压缩机负荷降为零。

⑤ 停止原料进料。

⑥ 停 P-9101 及 P-9102，关闭出口阀。

⑦ 将反应系统压力降至 4.5MPa，不得低于 3.5 MPa。

⑧ 将循环氢脱硫塔系统切除。

⑨ 手动关闭高低分切断阀。

⑩ 各罐体气相改火炬，精制柴油和石脑油改不合格线出装置。

（8）反应器超温

事故原因：反应加剧或入口温度过高。

事故现象：F-9101 出口温度超高，急冷氢调节失灵。

处理方法：

① 将反应系统压力降至 4.5MPa，不得低于 3.5 MPa。

② 手动全开打冷氢，全开 A-9101 空冷，F-9101 熄火，关闭炉前截止阀。

③ 停汽提塔汽提蒸汽，F-9201 降温不熄炉。

④ 新氢压缩机负荷降为零。

⑤ 停止原料进料。

⑥ 停 P-9101 及 P-9102，关闭出口阀。

⑦ 将循环氢脱硫塔系统切除。

⑧ 手动关闭高低分切断阀。

⑨ 各罐体气相改火炬，精制柴油和石脑油改不合格线出装置。

（9）贫胺液泵故障

事故原因：贫胺液泵故障。

事故现象：V-9109 液面快速上涨，P-9103 运行指示灯不亮，FIC-1025 流量指示大幅度下降或回零。

处理方法：

① 将循环氢脱硫塔系统切除。

② 关闭 P-9103A 出口阀。

③ 新氢压缩机负荷降为零。

④ F-9101 降温不熄炉。

⑤ 停止原料进料。

⑥ 反应系统改热氢带油自循环。

⑦ 控制反应系统压力不超过 6.2 MPa。

⑧ 分馏系统改自循环。

5．项目列表

项目列表如表 3-2 所示。

表 3-2　项目列表

序　号	项 目 名 称	项 目 描 述
1	正常开车	基本项目
2	正常停车	基本项目
3	正常运行	基本项目
4	停电	特定事故
5	晃电	特定事故
6	进料泵故障	特定事故
7	停燃料	特定事故
8	新氢中断	特定事故
9	循环氢压缩机故障	特定事故
10	重沸炉泵故障	特定事故
11	反应器超温	特定事故
12	贫胺液泵故障	特定事故

备注 1：列表中事故干扰设计符号说明

K——卡（阀门、仪表）；

G——关（阀门、仪表）；

H——坏（机泵类动力设备）；

JG——结垢（换热器）；

PY——漂移（仪表）。

备注 2：处理方法

处理方法：在流程图中按组合键“Ctrl+M”，调出如图 3-3 处理画面后，在相应的列表中选中待修目标（也可以从顶部文本框中输入待修项目的位号），然后点击“处理”按钮，即可完成修理步骤。

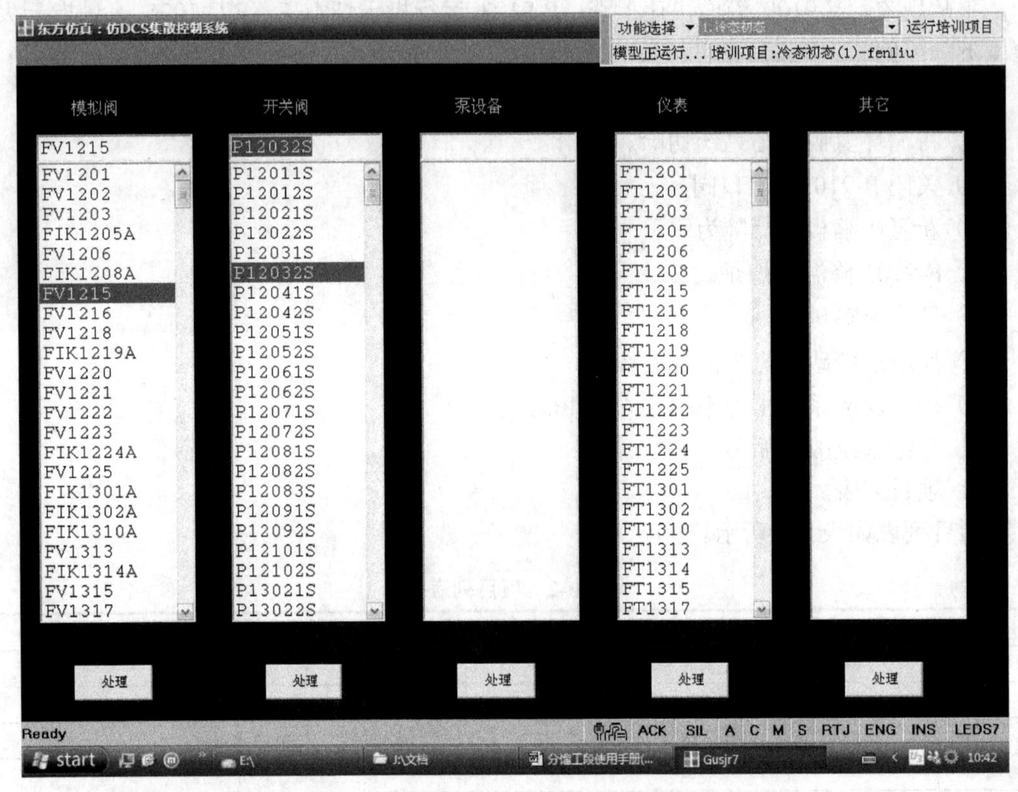

图 3-3　处理画面

注意：“处理”按钮只需点击一次即可，修理后被修复对象即刻归“0”，修理后 3s 内被修复对象无法操作。

三、复杂控制回路

1．串级控制

串级控制的切除与投用主要表现在副回路的本地、远程上。控制回路表如表 3-3 所示。

（1）串级控制的投用（本着先副后主的原则）

① 在副回路手动、本地控制下调节副回路将主回路的主参数调节接近设定值后，副回路改自动。此时副回路仍为本地控制状态（L）。

② 将副回路的本地改为远程控制状态（R）。

③ 调节主回路输出，使副回路测量值与设定值接近。

④ 主回路挂自动，串级投用完毕。

（2）串级控制的切除

① 主、副回路切手动。

② 副回路打本地控制，切除完毕。

注意：在软件的开工过程中不建议投入串级或自动，在手动状态下进行调节。待装置基本达到稳定状态投入。

表 3-3　控制回路表

序　号	主　回　路	副　回　路	功 能 说 明
1	LICA-1020	FIC-1040	滤前原料罐（V-9100）液位控制
2	LICA-1001	FIC-1042	滤后原料罐（V-9101）液位控制
3	TIC-1015	PICA-1006	反应加热炉（F-9101）出口温度控制
4	LICA-1002	FIC-1019	脱盐水罐（V-9108）液位控制
5	LICA-1009	FIC-1022	低压分离罐（V-9103）液位控制
6	LICA-1013	FIC-1024	贫胺液罐（V-9109）液位控制
7	LICA-2001	FIC-2002	汽提塔（T-9201）塔底液位控制
8	LICA-2002	FIC-2003	汽提塔塔顶回流罐（V-9201）液位控制
9	TICA-2018	PICA-2005	分馏加热炉（F-9201）出口温度控制
10	TIC-2007	FIC-2007	分馏塔（T-9202）塔顶温度控制
11	LICA-2005	FIC-2008	分馏塔塔顶回流罐（V-9202）液位控制

2．分程控制

分程控制，本装置主要是罐顶压力控制可以控制两个执行机构，分别对应补压控制阀 A 和放压控制阀 B（后面简称 A 阀和 B 阀）。控制器的输出值在 0～50%之间，当输出值增大时，对应的是 A 阀从 100%～0 的实际开度（实际现场阀位逐渐关小）。控制器的输出值在 50%～100%之间，输出值增大时，对应的实际情况是 A 阀全部关闭，B 阀逐渐开大（0～100%）。控制器及功能表如表 3-4 所示。

表 3-4　控制器及功能表

序　号	控　制　器	功 能 说 明
1	PIC-1030	滤前原料罐（V-9100）压力控制
2	PIC-1002	滤后原料罐（V-9101）压力控制
3	PIC-1014	脱盐水罐（V-9108）压力控制
4	PIC-1017	贫胺液罐（V-9109）压力控制
5	PIC-2003	分馏塔顶回流罐（V-9202）压力控制
6	PIC-1015	反应系统压力控制

四、加氢仿真 PI 图

加氢仿真 PI 图如图 3-4～图 3-25 所示。

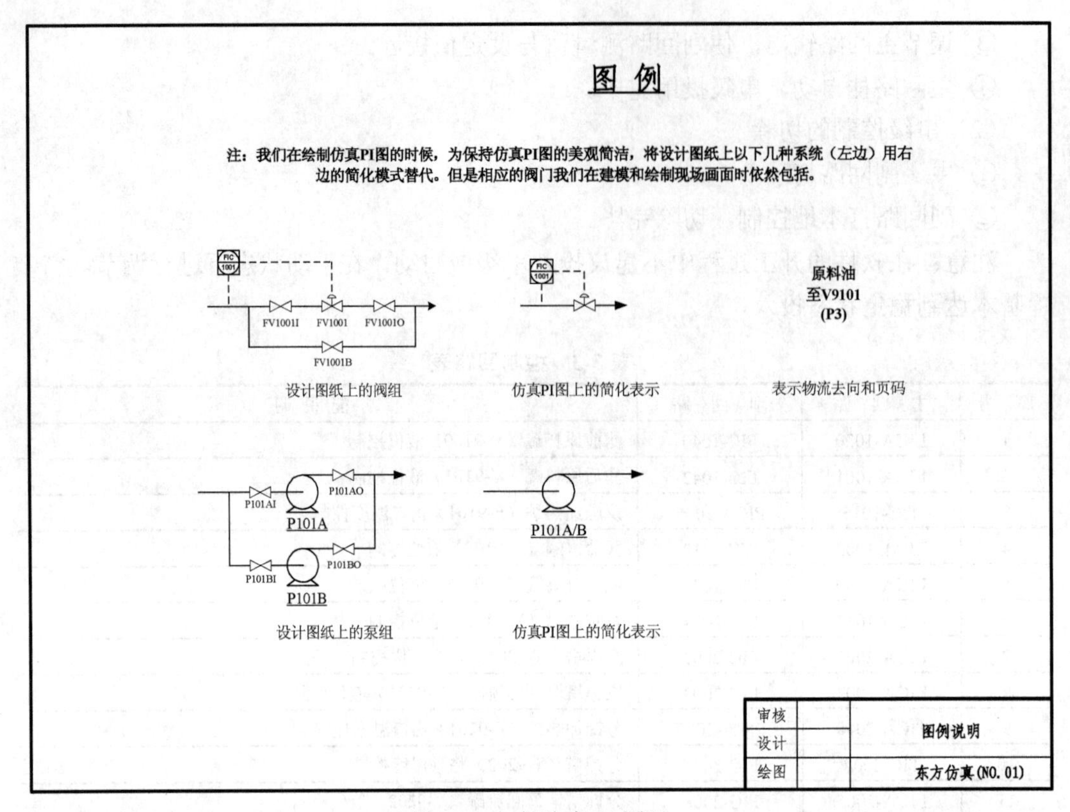

图 3-4 加氢仿真 PI 图示

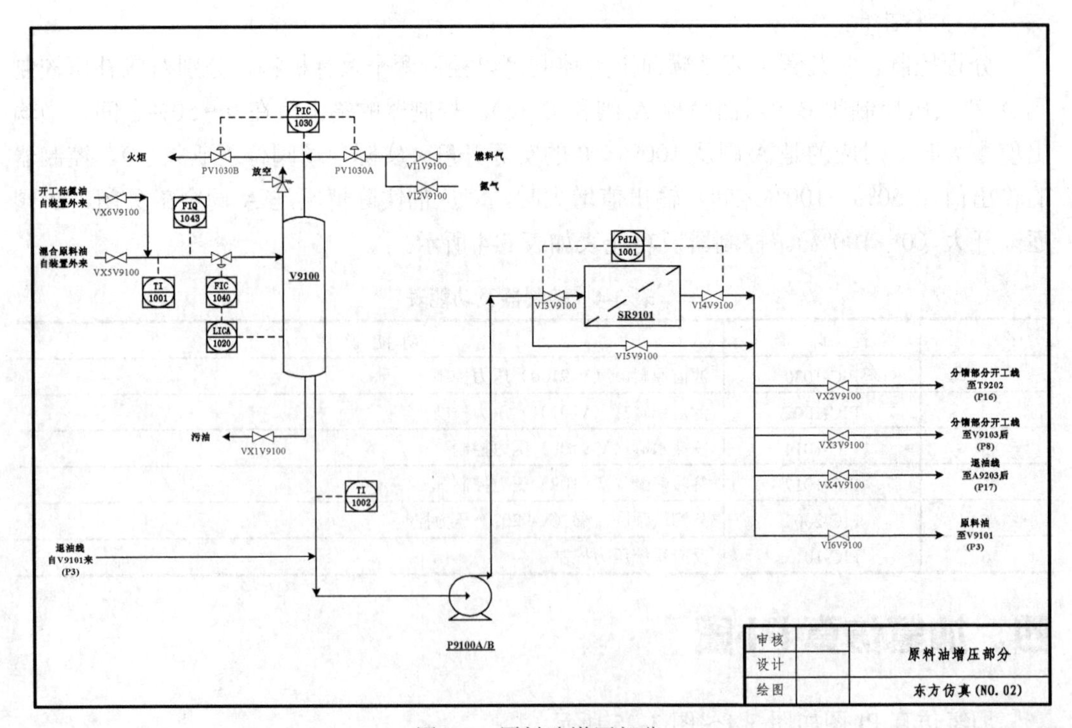

图 3-5 原料油增压部分

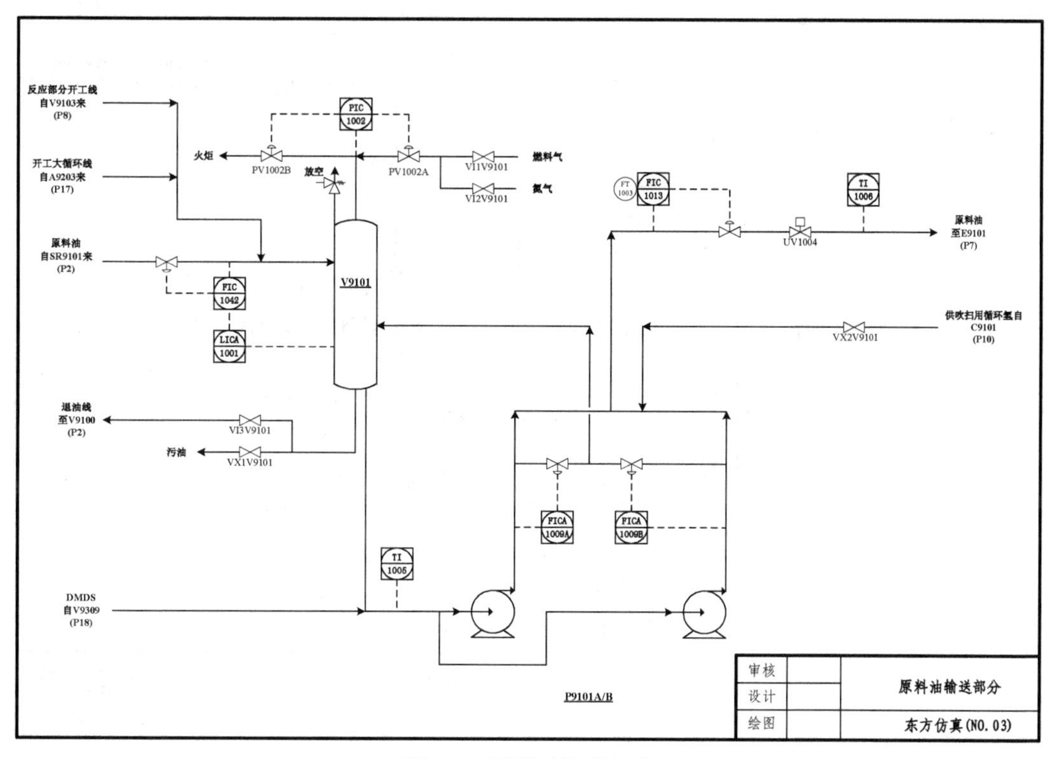

图 3-6　原料油输送部分

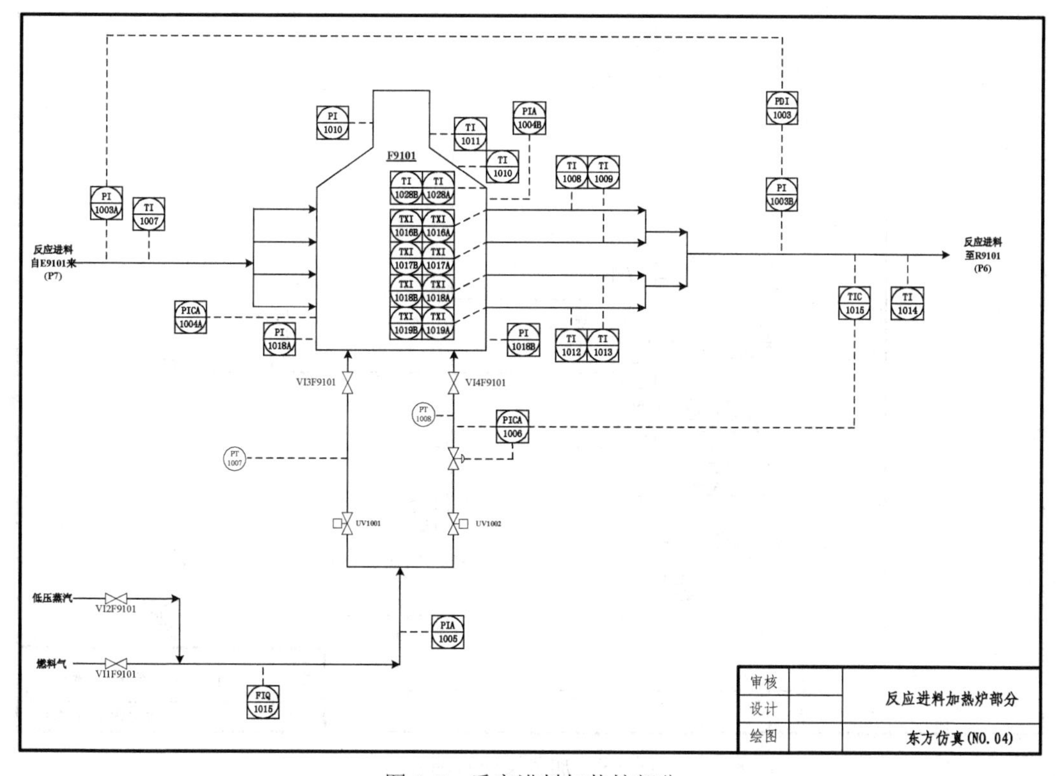

图 3-7　反应进料加热炉部分

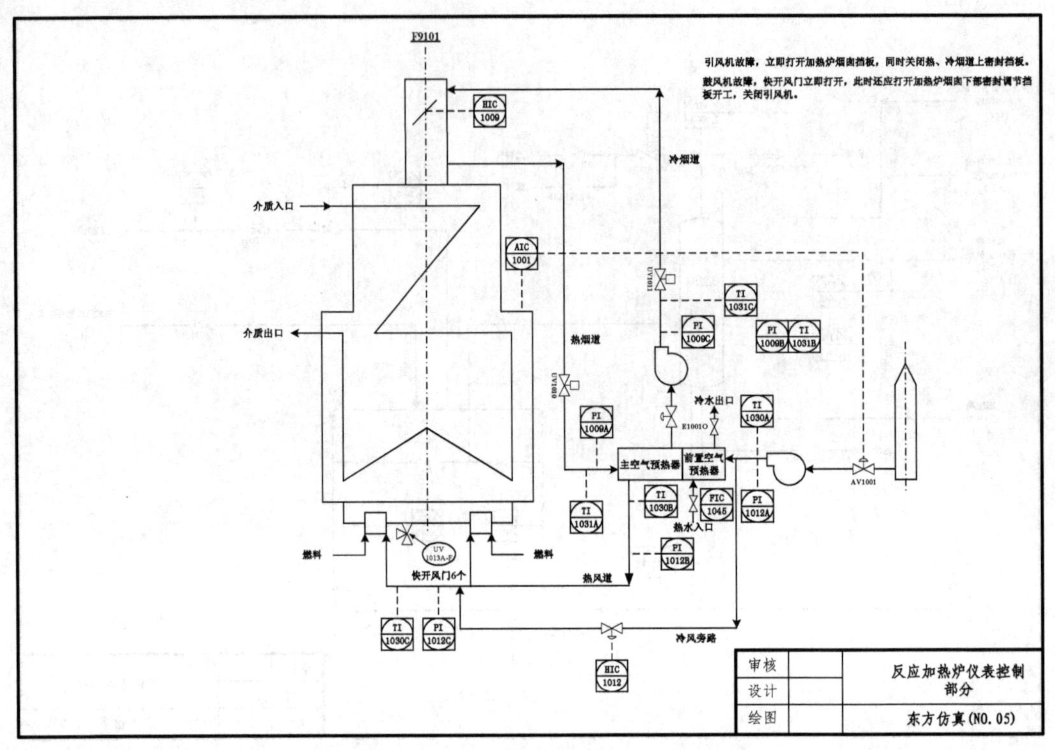

图 3-8 反应加热炉仪表控制部分

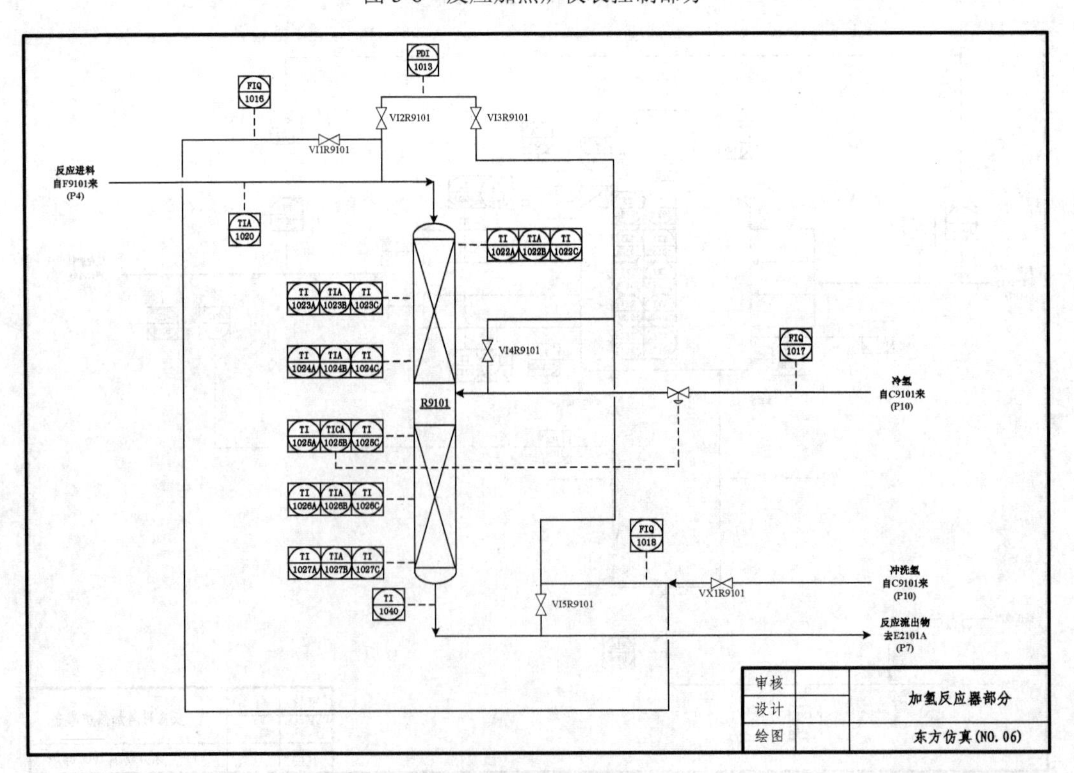

图 3-9 加氢反应器部分

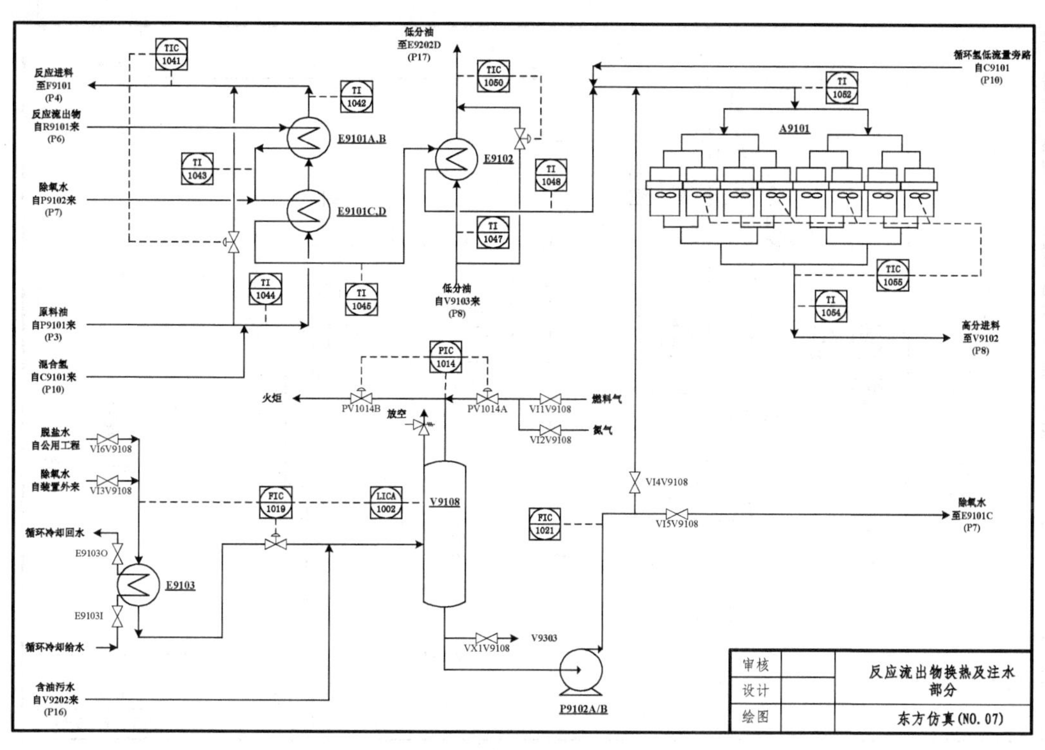

图 3-10　反应流出物换热及注水部分

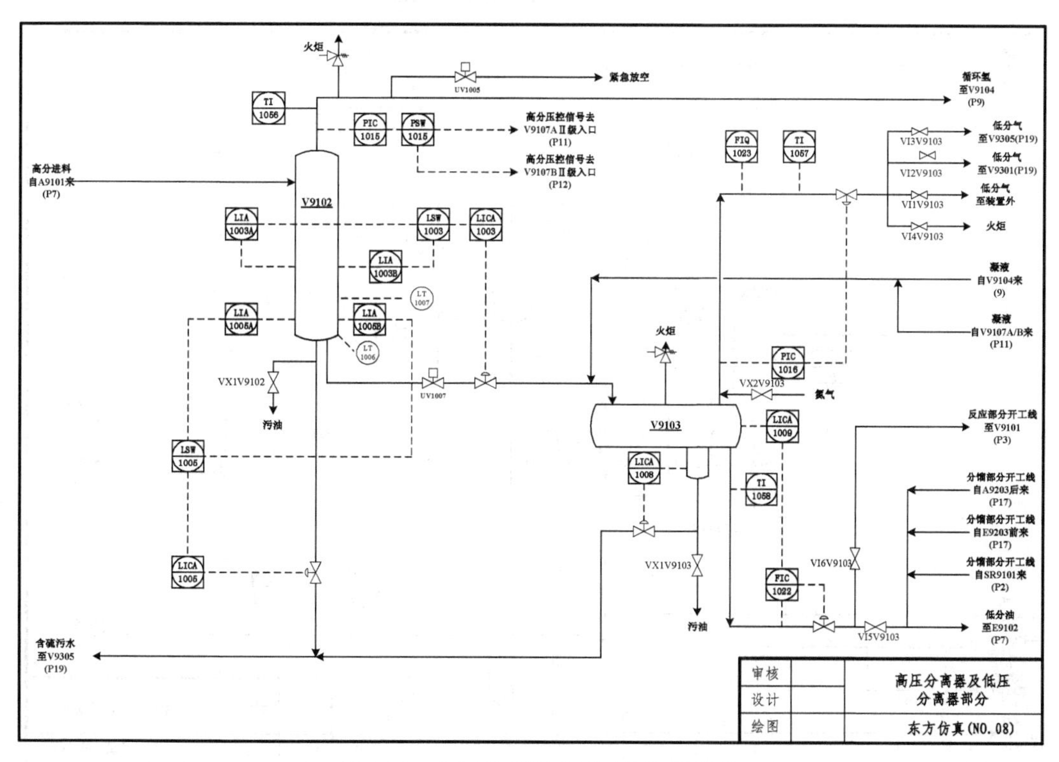

图 3-11　高压分离器及低压分离器部分

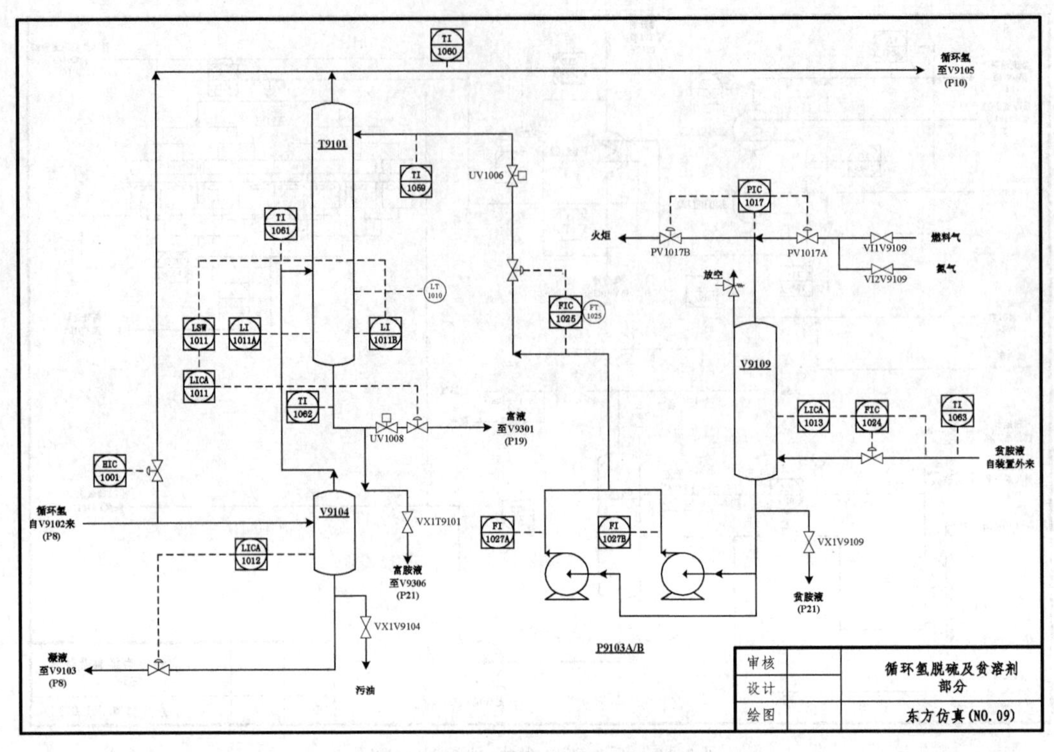

图 3-12 循环氢脱硫及贫溶剂部分

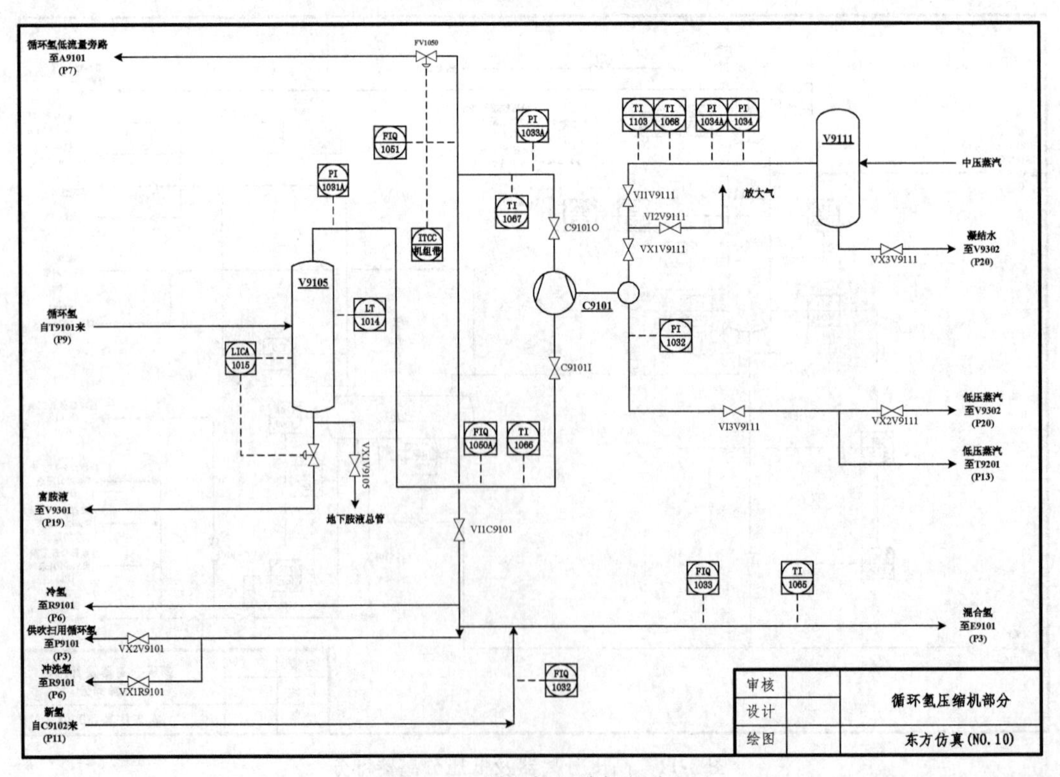

图 3-13 循环氢压缩机部分

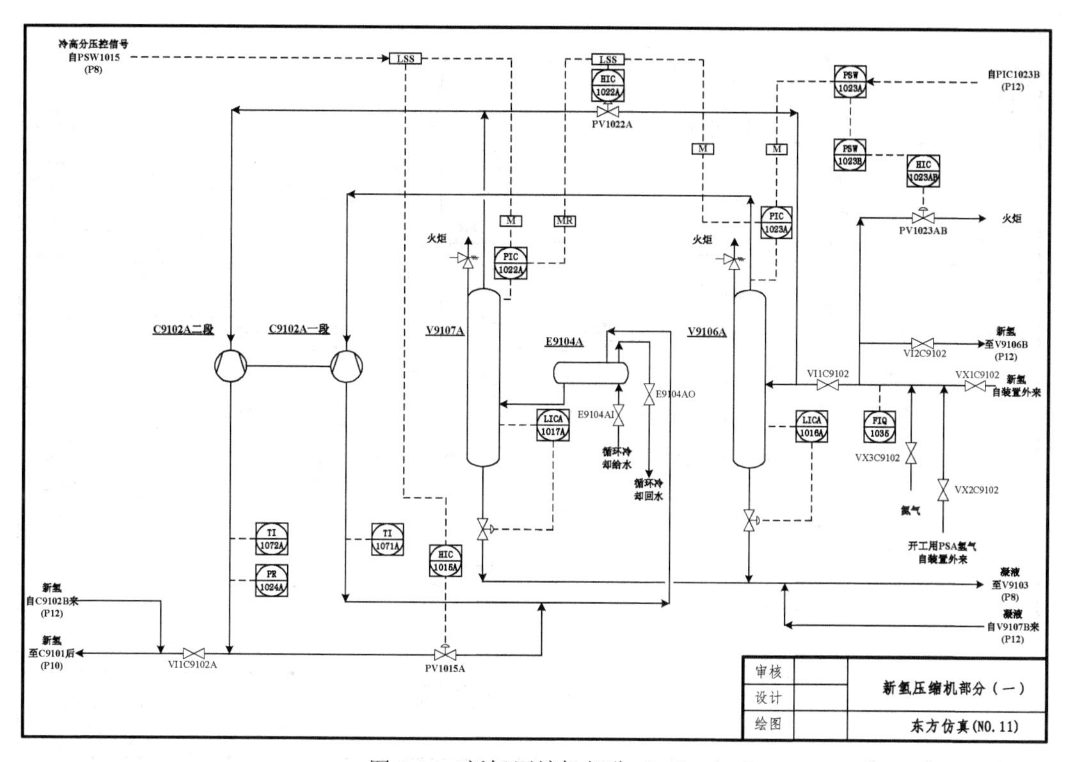

图 3-14 新氢压缩机部分（一）

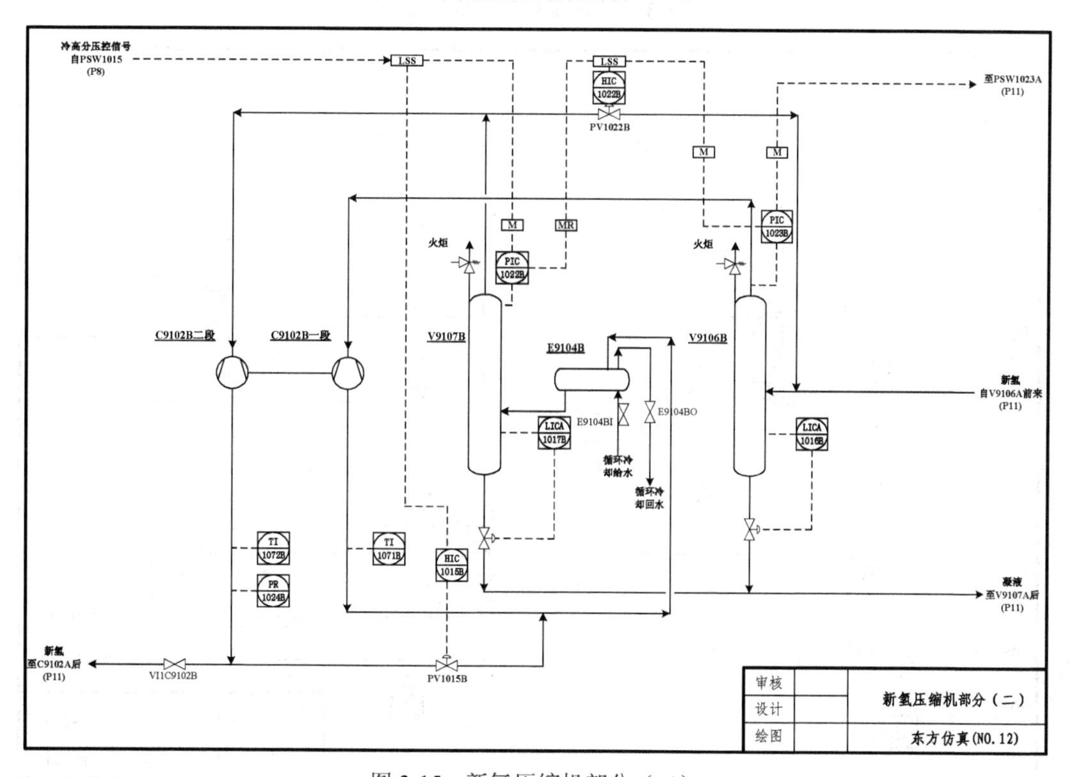

图 3-15 新氢压缩机部分（二）

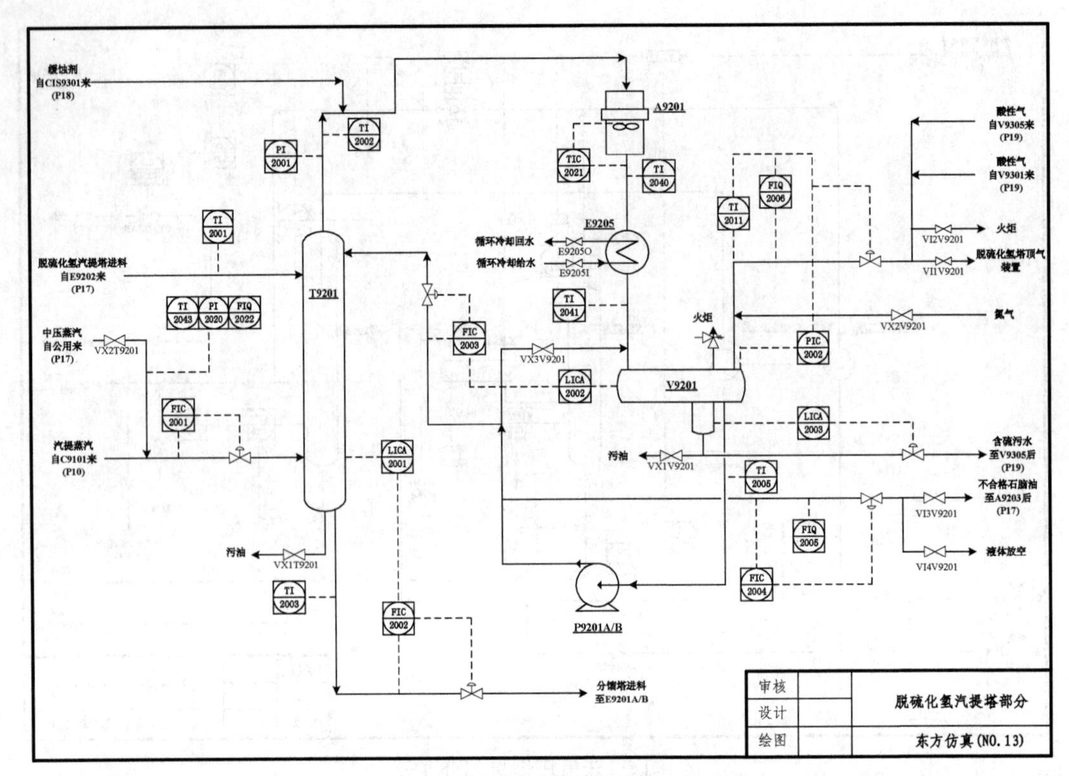

图 3-16 脱硫化氢汽提塔部分

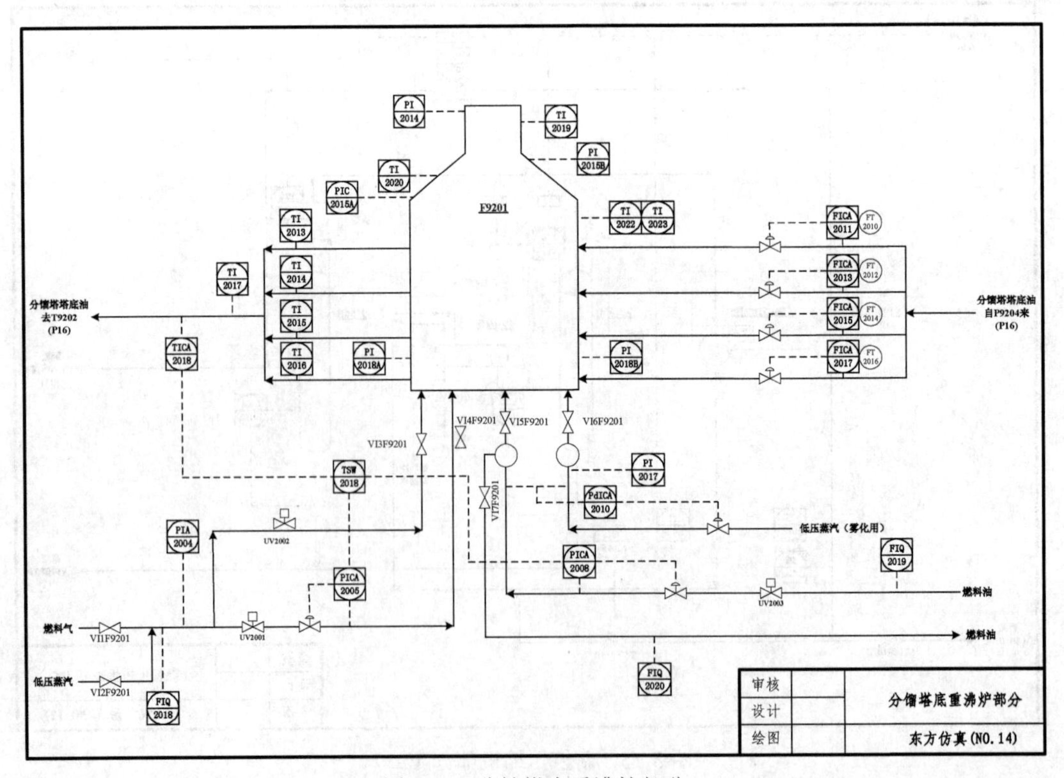

图 3-17 分馏塔底重沸炉部分

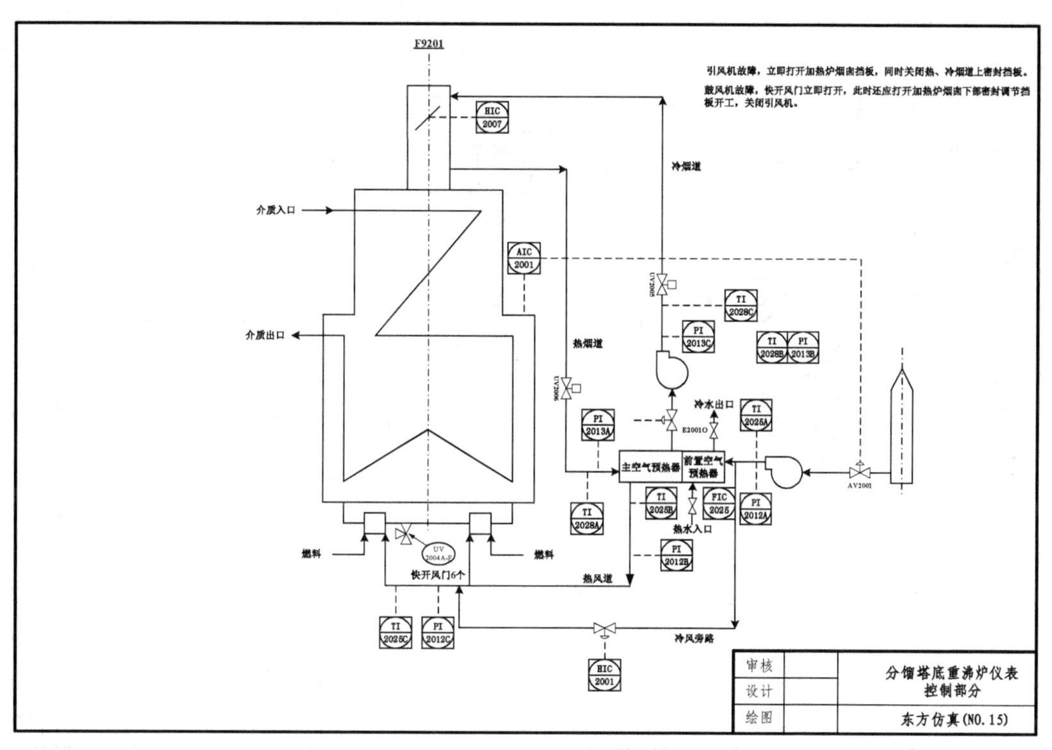

图 3-18　分馏塔底重沸炉仪表控制部分

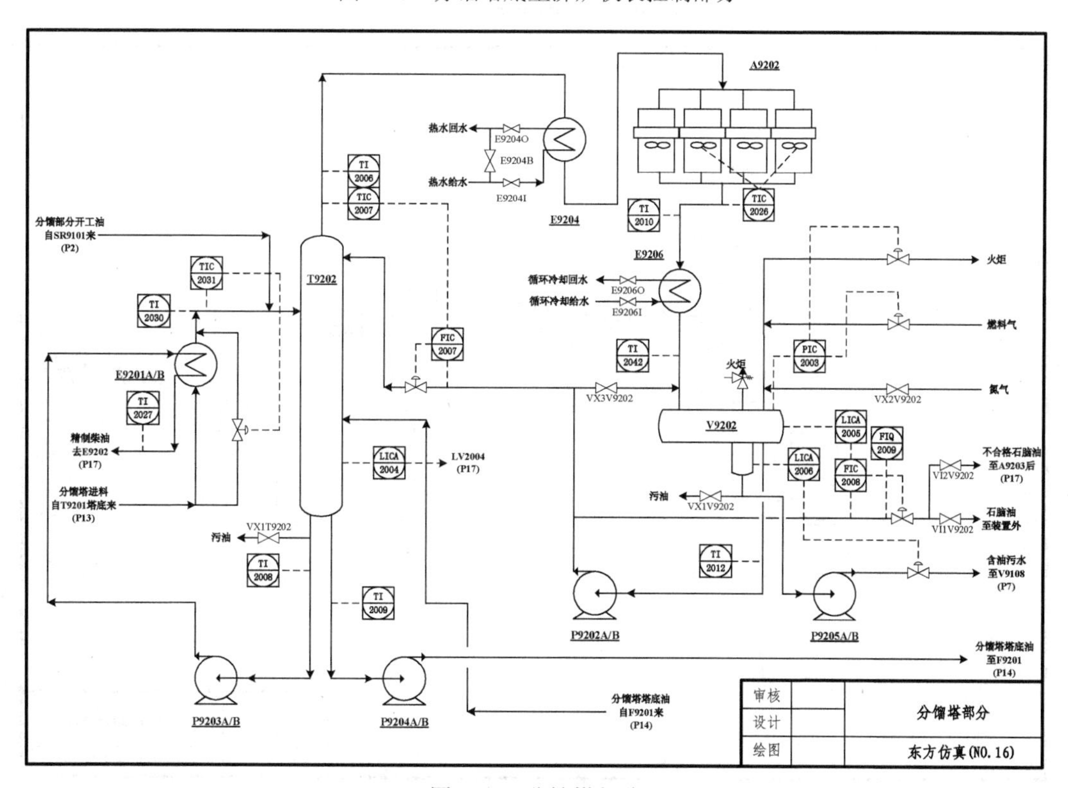

图 3-19　分馏塔部分

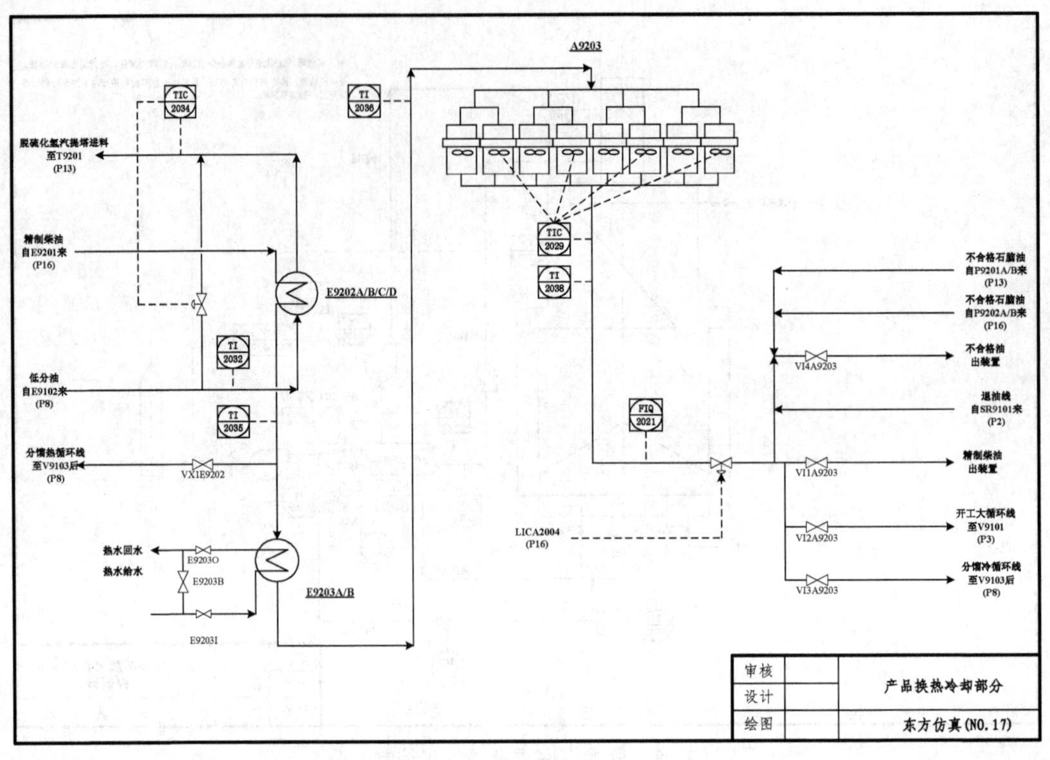

图 3-20　产品换热冷却部分

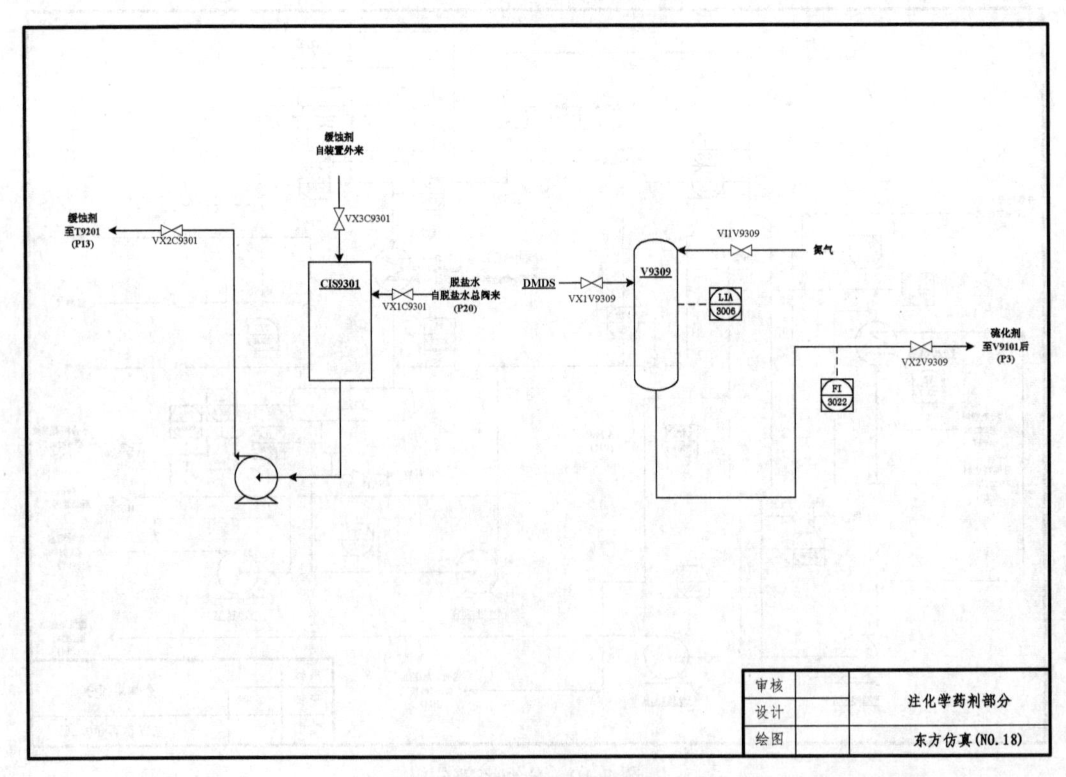

图 3-21　注化学药剂部分

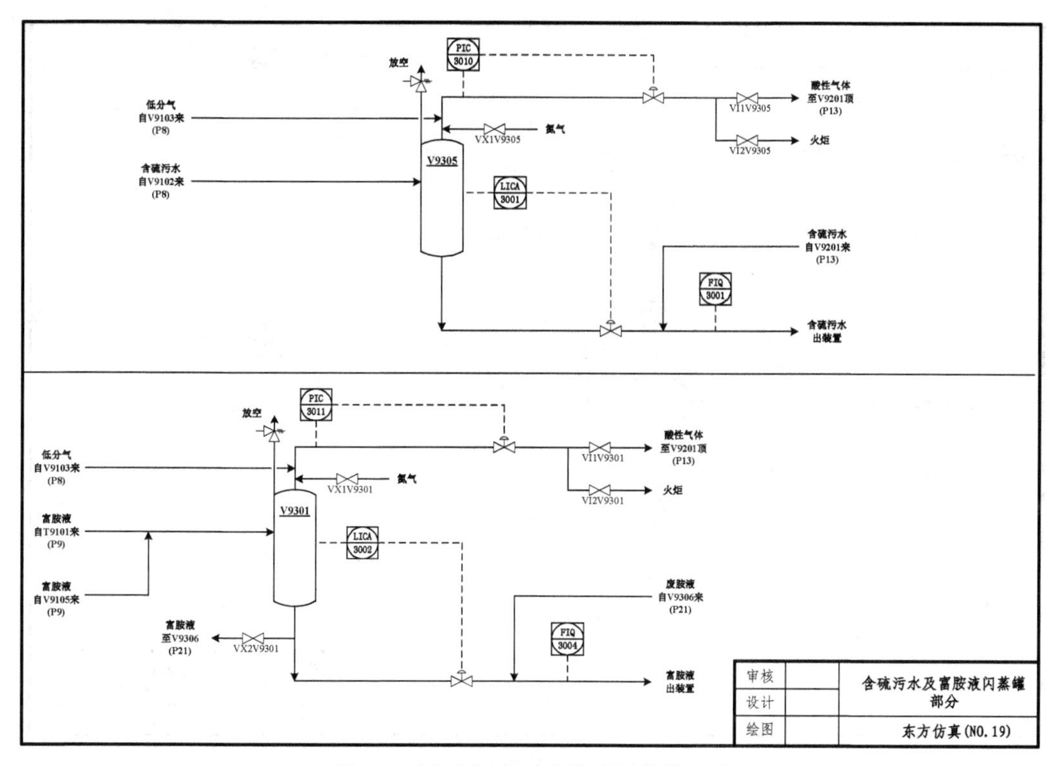

图 3-22 含硫污水及富胺液闪蒸罐部分

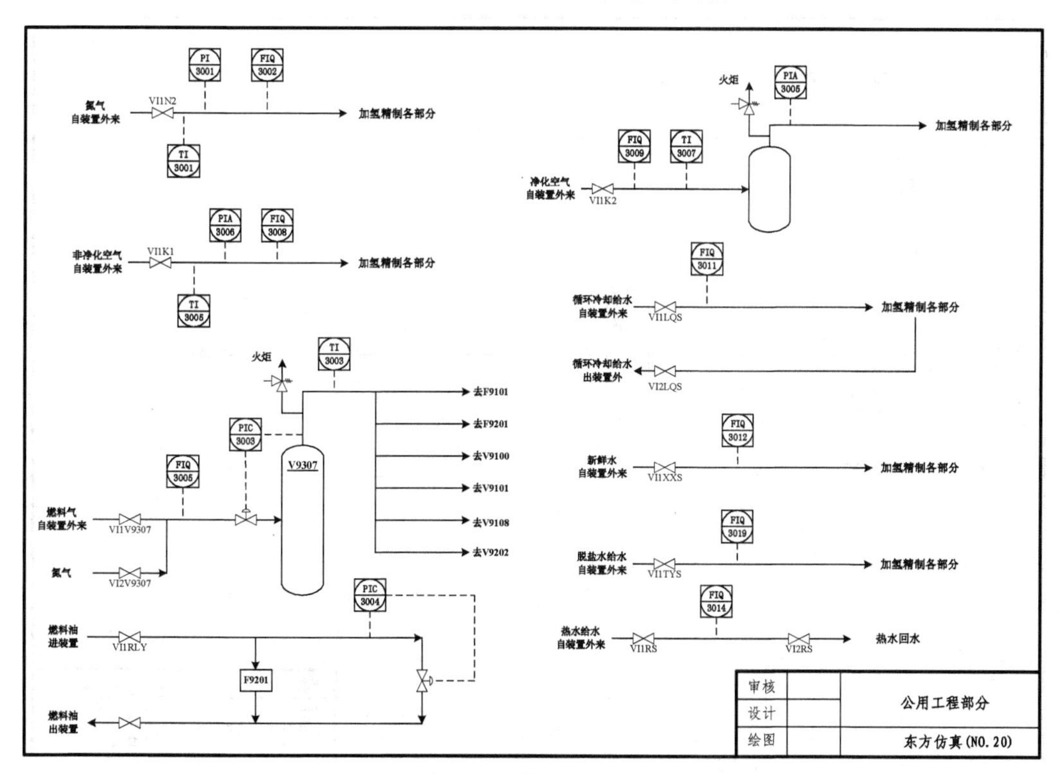

图 3-23 公用工程部分

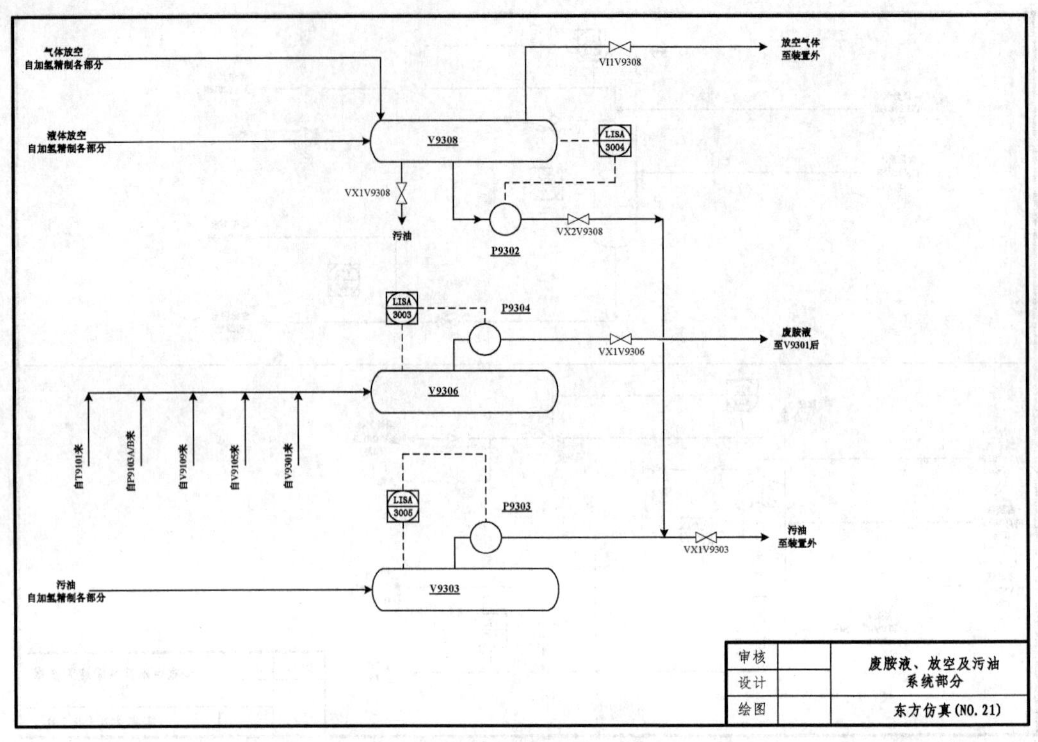

图 3-24 废胺液、放空及污油系统部分

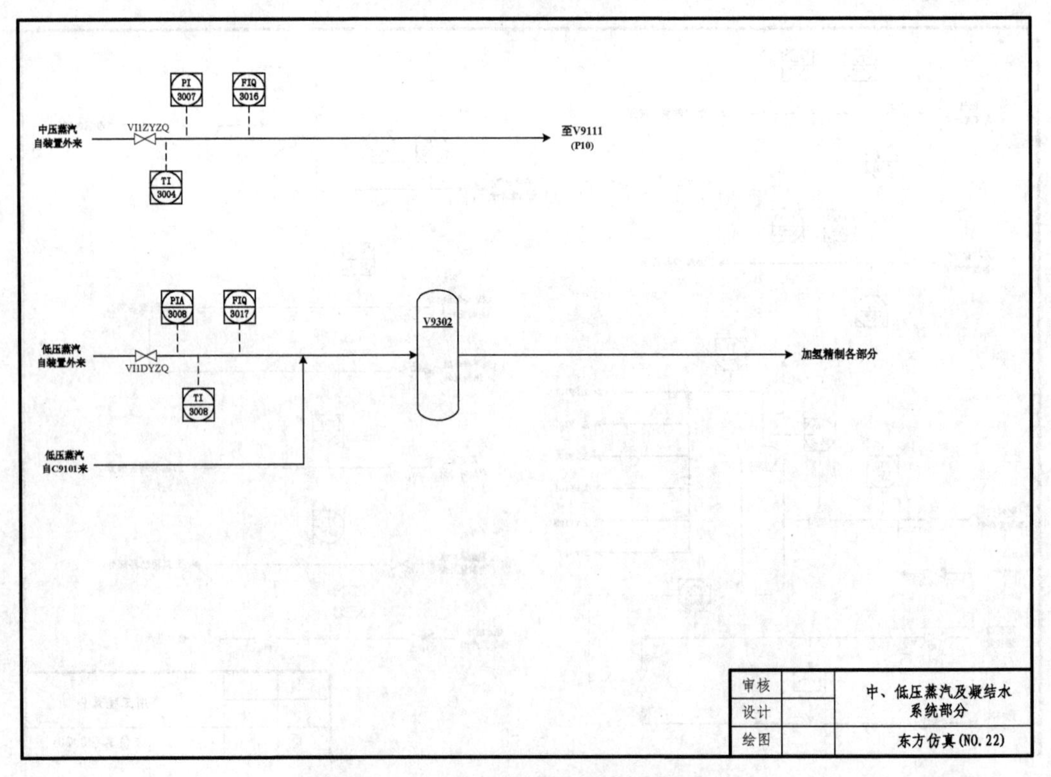

图 3-25 中、低压蒸汽及凝结水系统部分

五、联锁一览表

联锁一览表如图 3-26～图 3-33 所示。

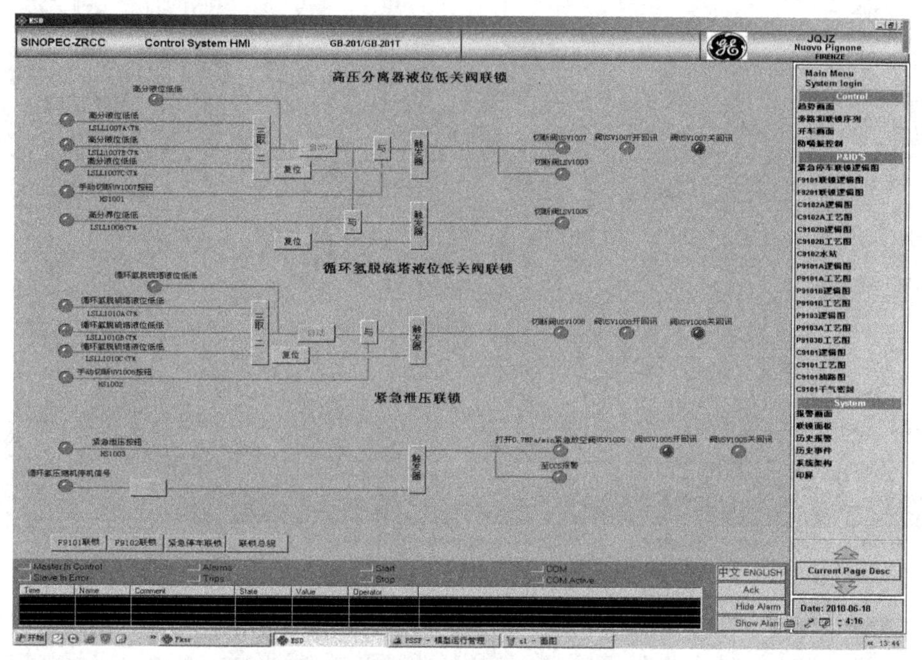

图 3-26 高压分离器液位低关阀、循环氢脱硫塔液位低关阀、紧急泄压联锁图

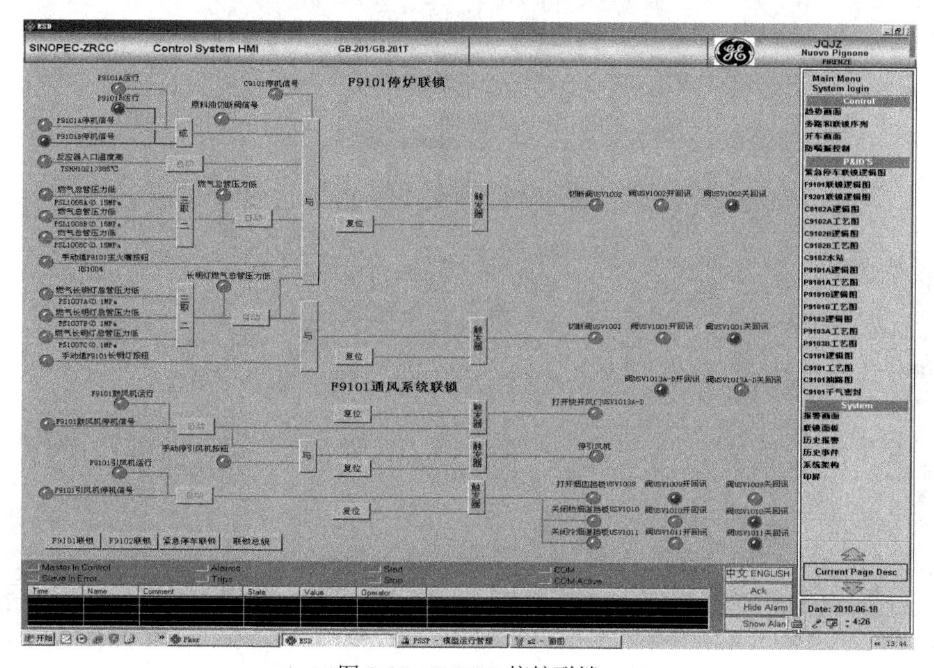

图 3-27 F-9101 停炉联锁

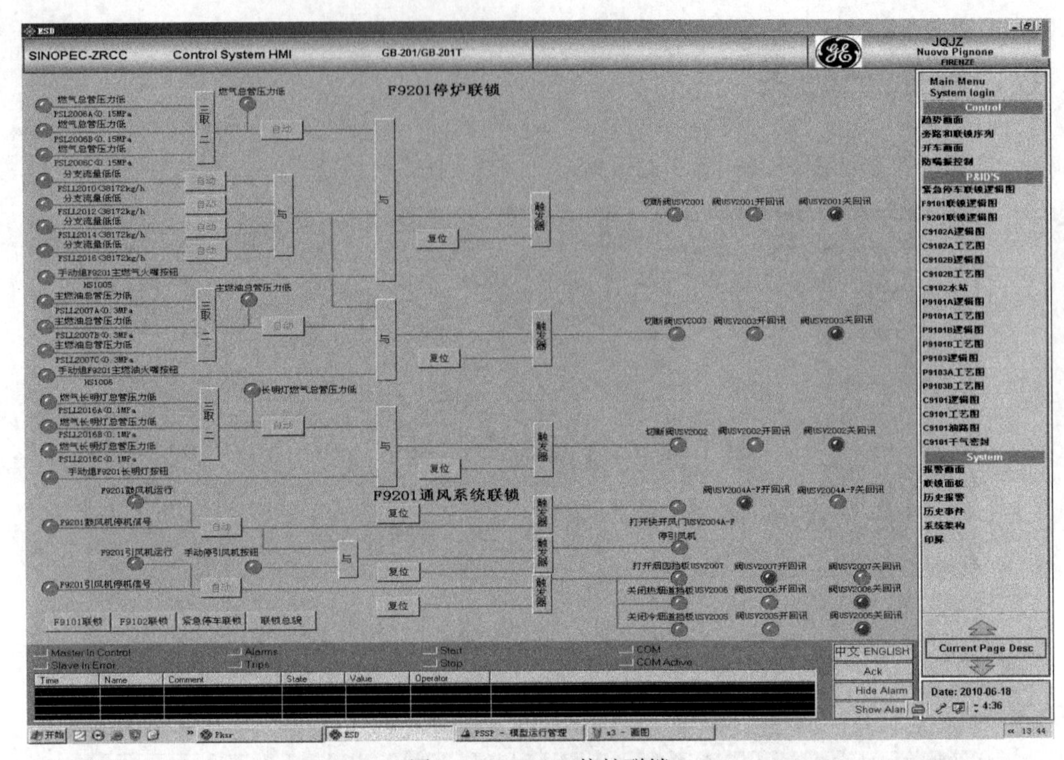

图 3-28 F-9201 停炉联锁

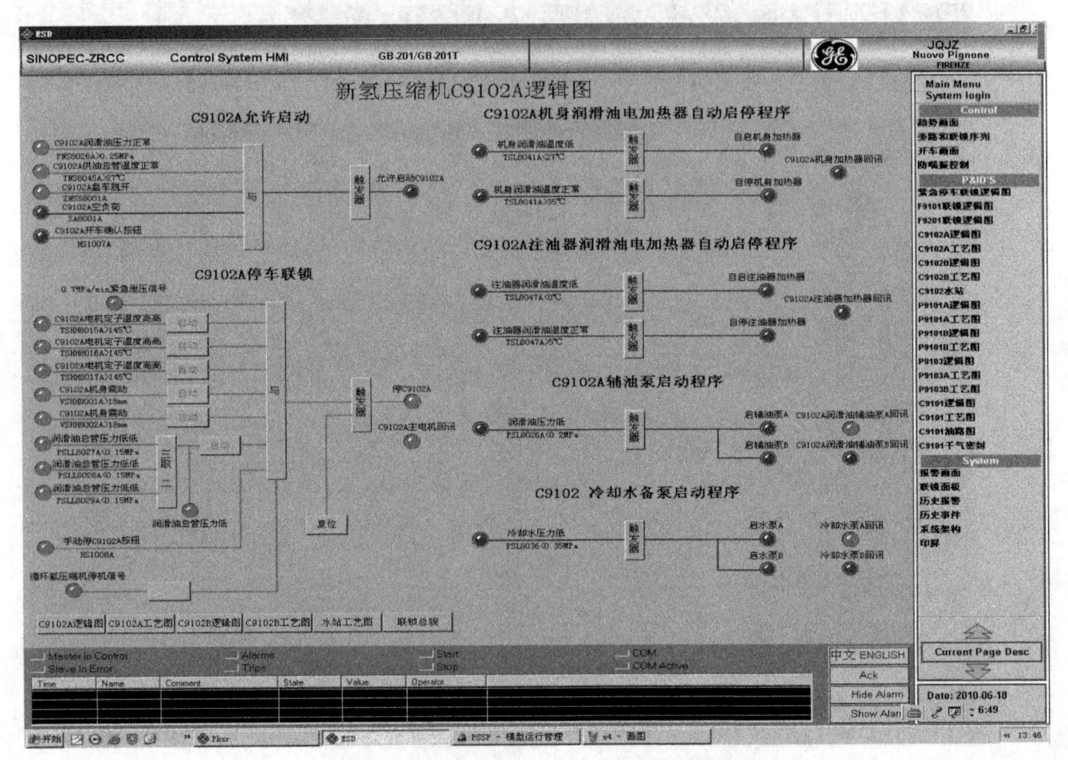

图 3-29 新氢压缩机 C-9102A 逻辑图

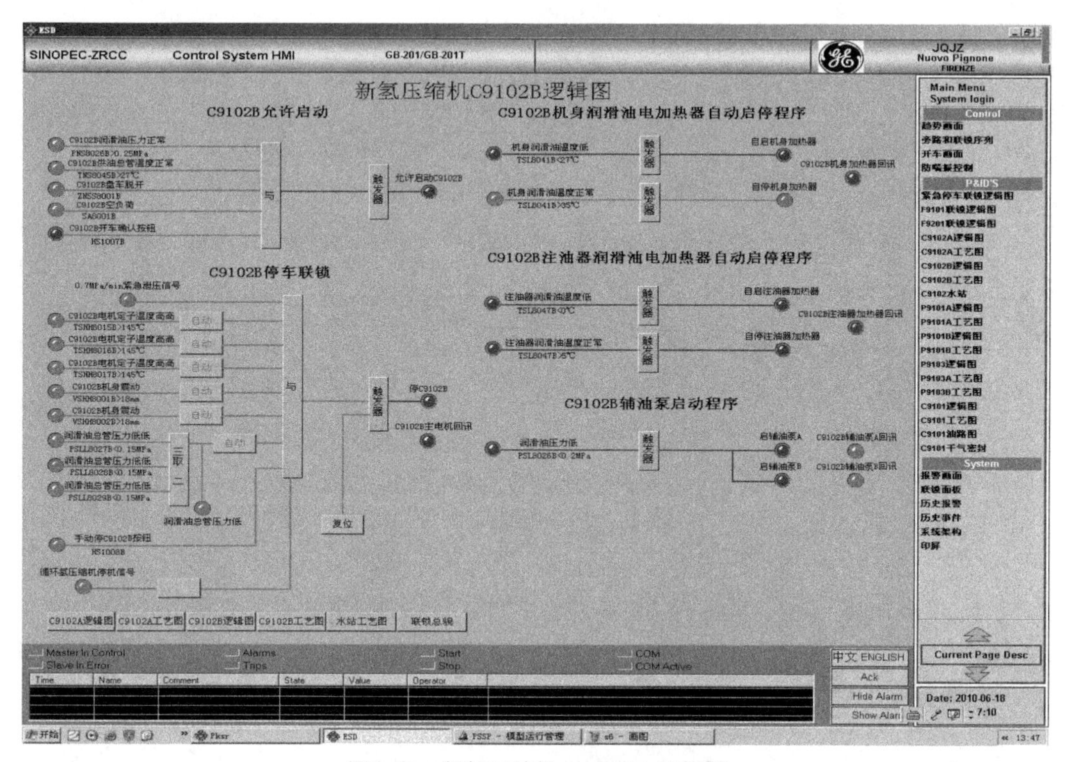

图 3-30　新氢压缩机 C-9102B 逻辑图

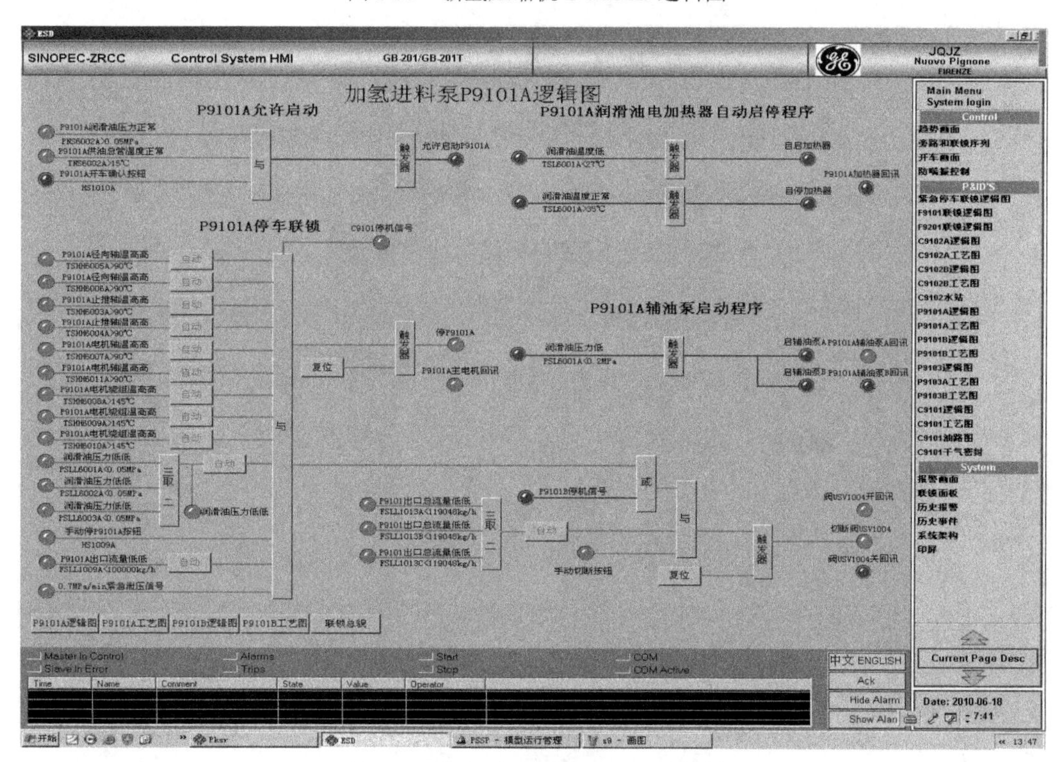

图 3-31　加氢进料泵 P-9101A 逻辑图

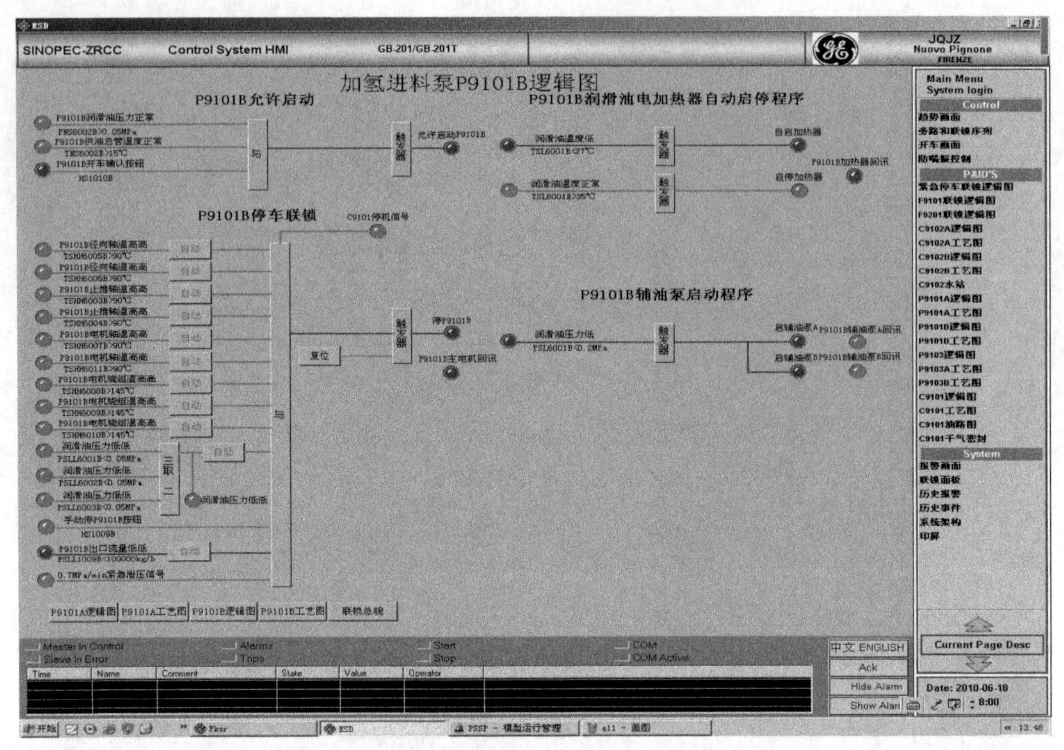

图 3-32 加氢进料泵 P-9101B 逻辑图

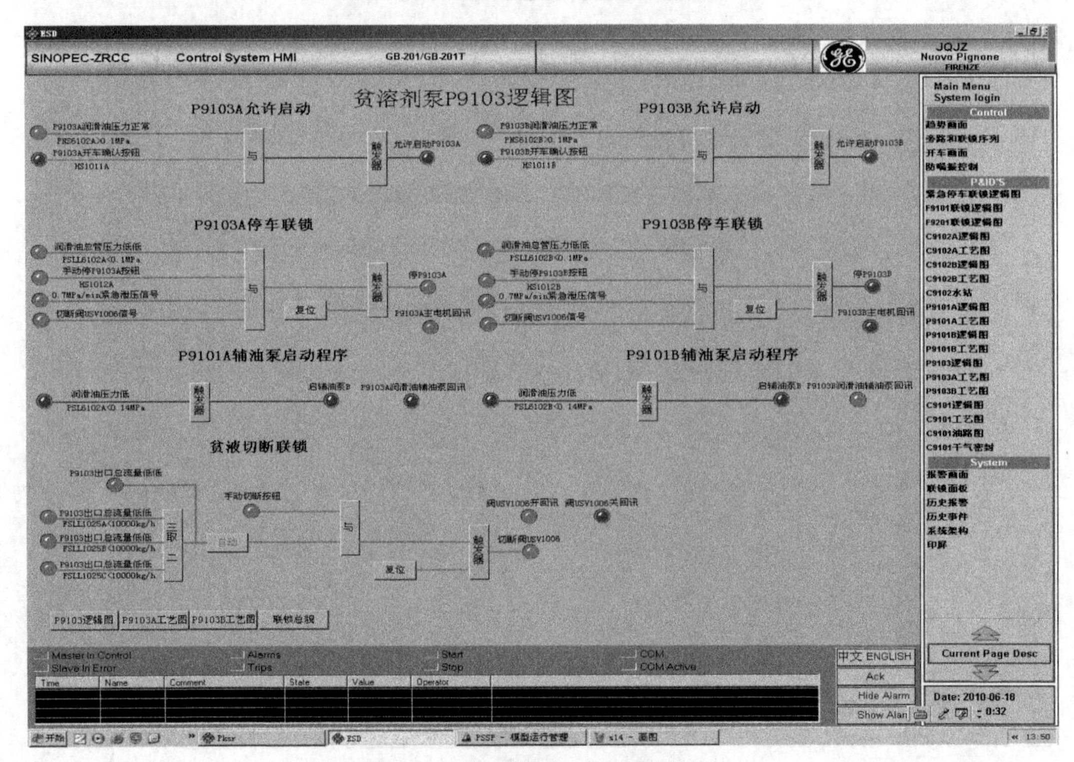

图 3-33 贫溶剂泵 P-9103 逻辑图

六、基本操作规程

（一）说明

操作性质代号：

(　　)表示确认；

[　　]表示操作；

<　　>表示安全确认操作。

操作者代号：操作者代号表明了操作者的岗位。

班长用 M 表示；

内操作员用 I 表示；

现场操作员用 P 表示；

将操作者代号填入操作性质代号中，即表明操作者进行了一个什么性质的动作。

例如：

< I >——确认 H_2S 气体报警仪测试合格。

(P)——确认一个准备点火的燃料气主火嘴。

[M]——联系调度引进燃料气进装置。

（二）泵的开、停与切换操作

1．原料油泵 P-9101A/B 的开、停与切换操作

（1）开泵操作

A 级　操作框架图

初始状态 S_0 原料油泵空气状态—隔离—机、电、仪及辅助系统准备就绪

① 启动前的准备

a．投用冷却水系统。

b．投用平衡管系统。

c．投用系统流程。

d．投用密封冲洗油系统。

e．投用润滑油系统。

（a）启用油泵前的准备工作。

（b）启动油泵。

稳定状态 S_1 原料油泵具备灌泵条件

② 反应进料泵灌泵。

稳定状态 S_2 原料油泵具备开泵条件

③ 反应进料泵开泵。

稳定状态 S_3 原料油泵开泵运行

④ 启动后的调整和确认。

最终状态 FS 原料油泵正常运行

B 级 开泵操作

初始状态 S_0 原料油泵空气状态—隔离—机、电、仪及辅助系统准备就绪

适用范围：用电机驱动的泵。

初始状态：

(P)——泵单机试运完毕。

(P)——泵处于无工艺介质状态。

(P)——确认联轴器安装完毕。

(P)——确认防护罩安装好。

(P)——泵的机械、仪表、电气确认完毕。

(P)——泵联锁校验确认完毕，仪表系统正常。

(P)——确认润滑油系统流程正常。

(P)——确认润滑油箱液位正常。

(P)——确认润滑油泵完好备用。

① 反应进料泵开泵准备

a．投用冷却水系统

[P]——投用电机、密封体、润滑油系统等部分冷却水。

(P)——确认冷却水畅通。

b．投用平衡管系统

[P]——打开平衡管路上引压阀，投用压力表及仪表引压管路。

c．投用系统流程

[P]——关闭出入口阀门，打开入口及出口管路压力表及仪表引压阀。

[P]——小开排气阀。

d．投用密封冲洗油系统

[P]——打开密封冲洗油管路上所有阀门，投用压力表及仪表引线管路。

e．投用润滑油系统

（a）启动油泵前的准备工作

[P]——首次开泵，应先把泵的油路系统冲洗干净，冲洗 10～24h，最少 8h，换好润滑油，油箱油位在 90%左右。

[P]——检查泵所有进出口管路连接是否牢固，有无泄漏等。

[P]——接通油站冷却器冷却水，打开冷却器上、下水阀门，关闭冷却器水线跨线阀。

[P]——打通泵润滑油流程。

（b）启动油泵

[P]——启动润滑油泵，要求供油压力≥0.05MPa，并将油泵自动开关搬至备用位置、检查油温≥20℃、油压、过滤器压差及管路有无泄漏。

[P]——操作油泵，使其低油压（0.4 MPa），检查备用油泵是否自启，油压低至 0.05MPa 时联锁停车。

稳定状态 S_1 原料油泵具备灌泵条件

② 原料油泵灌泵

[P]——小开泵入口阀门 10%～20%及出口管路上的高点放空阀门、灌泵排气至无气泡时则关闭高点放空阀，全开入口阀。

[P]——拆下平衡管路上压力表排净平衡管内气体后回装压力表并投用。

[P]——拆卸密封冲洗油管路压力表排净管路气体后回装压力表并投用。

[P]——用手盘车 2～3 周，确认无卡碰现象。

[P]——所有压力表及仪表引线排气。

(P)——联系电工检查电机绝缘符合要求，转向正确，并给泵送上电，根据现场操作柱绿灯亮否，判定电送上与否。

稳定状态 S_2 原料油泵具备开泵条件

状态确认：泵体充满介质并无气体，机械密封无泄漏，管路无泄漏。

③ 原料油泵开泵

[P]——全开与该泵相连的最小流量线。

[P]——按动开泵复位按钮。

[P]——按动出口电磁阀复位按钮。

[P]——启动电机。

(P)——确认电磁阀开。

[P]——当泵出口压力达到泵正常运转时的压力时，确认无异常后，打开泵出口阀。

(P)——确认泵向系统送油。

[P]——关闭与该泵相连的最小流量线。

稳定状态 S_3
原料油泵开泵运行

④ 泵启动后的调整和确认

(P)——机械密封的温度。

(P)——径向轴承的温度。

(P)——止推轴承的温度。

(P)——冲洗油温度压力。

(P)——泵轴承入口油压 0.08～0.15MPa。

(P)——电机轴承入口油压 0.02～0.03MPa。

(P)——平衡管压力大于入口压力 0.5～1.5kgf/cm^2（1kgf=9.80665N，下同）。

(P)——润滑油站，包括油温、油压、油位、过滤器压差等。

(P)——机械密封泄漏量。

(P)——泵出入口压力。

(P)——电流、噪声、振动等。

最终状态 FS
原料油泵正常运行

状态确认：泵体无泄漏，泵轴温度、轴振动、轴位移正常，润滑油温度、压力正常，电机温度、电流、振动正常，泵出入口压力正常稳定。

最终状态：

(P)——泵入口阀全开。

(P)——泵出口阀开。

(P)——泵出口压力在正常稳定状态。

(P)——动静密封点无泄漏。

（2）停泵操作

A 级 操作框架图

初始状态 S_0
原料油泵正常运行

① 停泵

稳定状态 S_1
原料油泵停运

② 备用

最终状态 FS
原料油泵备用

B 级 停泵操作

初始状态 S_0 原料油泵正常运行

适用范围：用电机驱动的泵

初始状态：

(P)——泵入口阀全开。

(P)——泵出口阀开。

(P)——泵在运转。

稳定状态 S_1 原料油泵停运

停泵

[P]——按停泵按钮。

[P]——关闭泵出口阀门。

[P]——盘车 1 周。

最终状态 FS 原料油泵备用

（3）正常切换操作

A 级 操作框架图

初始状态 S_0 在用泵运行状态，备用泵准备就绪，具备启动条件

① 启动备用泵

稳定状态 S_1 原料油泵具备切换条件

② 切换

稳定状态 S_2 原料油泵切换完毕

③ 切换后的调整和确认

最终状态 FS 备用泵切换后正常运行，原在用泵停用

B级 切换操作

初始状态 S_0 在用泵运行状态，备用泵准备就绪，具备启动条件

初始状态确认：

在用泵

(P)——泵入口阀全开。

(P)——泵出口阀开。

(P)——泵出口压力在正常稳定状态。

备用泵

(P)——泵入口阀全开。

(P)——泵出口阀关闭。

(P)——辅助系统正常投用。

(P)——电机送电。

① 按开泵步骤开备用泵

稳定状态 S_1 原料油泵具备切换条件

状态确认：备用泵运行，机械密封无泄漏，出口压力正常平稳，电机电流正常。

② 切换

[P]——打开备用泵出口阀。

[P]——关闭运转泵电机。

按停泵程序停运转泵

稳定状态 S_2 原料油泵切换完毕

状态确认：原备用泵正常运转，原在用泵停用。

③ 切换后的调整和确认

(P)——按开泵的调整与确认进行。

(P)——备用泵注意防冻。

最终状态 FS 备用泵切换后正常运行，原在用泵停用

状态确认：原备用泵处于正常运转状态，原在用泵处于停用状态。

（4）操作指南

反应进料泵的日常检查与维护

① 检查项目　首次启动前的准备工作。

a．电机单试合格，转向正确。
b．检查机泵的对中。
c．检查膜片联轴器的安装。
d．检查灌泵充分，机械密封泄漏情况。
e．检查供油系统运行正常。
f．油箱已清理，管路已清理干净，润滑油已更换合格油品。
g．检查稀油站无泄漏，各参数正常。
h．机组报警，联锁已校验完毕，试用合格。

② 日常维护

a．机泵运转平稳，振幅在规定范围内。
b．不允许机泵干转。
c．严禁在长时间关闭出口阀的情况下运行。
d．泵运行时，吸入管的入口阀门不许关闭。
e．检查轴封的渗漏量及冲洗油温度、压力、泄漏情况。
f．每班盘车一次，转动180°。
g．备用泵完好，确保在紧急情况下可以立即启动。
h．确保润滑油油位，保证润滑油质量。
i．注意保持油站卫生，定期抽排积水。
j．做好日常维护和台账记录。

③ 运行参数、报警及联锁

原料油泵轴承温度：报警温度80℃；高报警温度90℃；
原料油泵润滑油压力：0.08～0.15MPa；
电机润滑油压力：0.02～0.03MPa；
进油温度：35～45℃；
回油温度：$<$65℃；
润滑油低联锁停车压力：0.05MPa；
润滑油过滤器压差大报警：0.12MPa；
平衡管压力大于吸入口压力0.5～1.5kg/cm^2；
润滑油使用周期：首次用300h，正常8000h更换润滑油，每月检查一次油样；
入口压力：0.4MPa；出口压力：8MPa；扬程：1003m；转速：2980r/min；级数：6级；正常流量：308m^3/h；
泵型号：GSG150-360DX6S；润滑油牌号：L-TSA46防锈汽轮机油。

④ 故障名称、原因及处理　故障名称、原因及处理如表3-5及表3-6所示。

表3-5　故障名称

名　　称	原因及修理方法，见表3-6所列各点
1．泵没有流量	1、2、3、4、5、7、8、12、13
2．泵流量不足	1、2、4、5、8、12、19、20、21
3．总扬程不够	3、4、5、7、8、10、12、19、20、21

续表

名　　称	原因及修理方法，见表3-6所列各点
4．启动后突然中断流量	1、2、4、9、11
5．轴功率过高	6、7、9、10、17、19
6．机械密封泄漏过多	14、16、18、22、23、24、25、28、29
7．机械密封寿命太短	14、16、18、22、23、24、25、26、27、28、29
8．泵机振动或噪声太大	2、3、4、11、13、14、15、16、17、18、20、24、32、33
9．轴承寿命太短	14、16、17、25、31、32、33、34、35
10．泵内温度过高，转子碰撞壳体或者卡住	1、3、4、7、9、11、13、14、16、18、19、20、22、24、30、32
11．平衡回液的压力和流量突然增加或减少	2、4、13、17、19、20、21、30、36

表3-6　原因及修理方法

序号	原　　因	修理方法
1	泵没有正确排气，吸入管路上有气囊，吸入端有气泡	打开排气阀或压力表排气螺丝，打开机械密封冲洗管路排气阀，并检查管路铺设情况，以保证液体平稳流动
2	泵和吸入管路没有注满液体	把泵和管道灌上液体，彻底排净空气，检查管道铺设情况
3	吸入压力和汽化压力之间压差不够，达不到需要的NPSH值（观察压差减少量）	检查吸入管上的吸入阀和过滤器，保证测量准确，然后与泵厂家商榷
4	吸入口过滤器阻塞	清洗检查过滤器或更换过滤器
5	旁通管的最小流量过大	检查电机转速，再检查旁通管路
6	转速超过规定转速	检查电机转速
7	倒转	互换电机相位
8	系统要求的扬程超过泵所能产生的扬程	增加转速，安装直径较大的叶轮，增加级数，询问厂方
9	系统要求的扬程低于泵所能产生的扬程	用吐出阀调整压力，调整转速，改变叶轮直径，询问厂方
10	被输送的液体密度与原规定的数据不符	检查被输送液体的温度，按第9点方法做
11	在非常低的流量下运行	核实泵的最小流量，询问厂方
12	电机等配套机械质量问题	检查每个电机的情况，询问厂方
13	叶轮上有异物堵塞	清洗泵，检查吸入系统和过滤器情况
14	泵机没对中、对中不准或基础位移	冷态时，把泵重新对中
15	其他机器对基础产生的共振和干扰	询问厂方
16	轴弯	更换新轴，决不允许用重新校直轴
17	转动部件与静止部件碰撞，泵运转不平稳	检查平衡装置情况，必要时拆泵
18	轴承磨损严重	检查泵平稳运行情况，当泵冷态时，查联轴器对中，检查油质、油量、油压、温度、纯净度
19	壳体密封环严重磨损	换新环，检查转子同心度，检查泵体有无异物
20	叶轮损坏或破裂	换新叶轮，检查吸入扬程（汽蚀）情况，检查系统内有无异物
21	壳体密封不合格（在节流间隙处内部损失过多，由于磨损，转子间隙过大），以致引起过分损失，或者水通过中段渗漏	更换损坏部件
22	机械密封环的摩擦面严重磨损或划破"O"形圈损坏	更换坏件，检查转子部件同心度，检查材质是否适合。查密封部件位置有无渗漏
23	密封安装不当，材料不合适	精心组装密封，检查材质是否合适
24	由于轴承磨损或由于轴对中不好，引起轴振动	冷态对中联轴器，换新轴承，查转子磨损痕迹

续表

序号	原因	修理方法
25	转子振动	检查吸入压力（汽蚀），联轴器对中，泵内无异物
26	密封间隙表面的压力过高，没有合适地润滑和冲洗液体	测量新机械密封部件，询问厂方
27	机械密封冲洗液供应不足	检查管路是否畅通
28	冷却室和挡套之间间隙过大	换用新的挡套或冷却室里新衬套
29	机械密封冲洗管路的脏物引起机械密封环摩擦面的划痕	检查机械密封腔是否清洁，检查过滤器
30	轴向推力过大	检查平衡装置和转子间隙
31	轴承体里的油量过多或不足，冷却不够、油质不符、油质太脏、油中进水	检查油的质量和数量
32	轴承组装故障（组装过程中碰损，组装不符合要求，使用两个不匹配的轴承）	检查轴承部件有无损坏痕迹，然后把它们正确地组装在一起，从油视镜看供油情况
33	轴承中有脏物	彻底清洗轴承、轴承体、供油管路、油箱，检查轴承油封情况
34	轴承中进水	除掉轴承和轴承体上的锈斑，在油室内涂以防锈漆，检查轴承封油环间隙，换油
35	当周围的空气湿度过高的时候，过度的冷却，会使液体冷却的轴承在轴承体内引起水凝结	监视轴承体温度，用排气螺塞彻底排净轴承空气，把轴承温度调到60℃
36	平衡水回水管路上横截面变化，平衡装置部件过度磨损，平衡装置静止部件渗漏，平衡水管路压差过大	检查装置的效能，检查平衡回液管路，控制节流阀和其他阀门的效能。检查吸入压力和吐出压力，检查平衡装置的情况及转子间隙，在运行工况点时，平衡回液压力应略高于吸入压力，但不大于吸入压力的3%，除非有特殊情况例外要询问厂方

2．普通离心泵（P-9201A/B、P-9202A/B、P-9205A/B、P-9302、P-9401A/B/C/D）的开、停与切换操作

（1）开泵操作

A级 操作框架图

初始状态 S_0
离心泵空气状态—隔离—机、电、仪及辅助系统准备就绪

① 离心泵灌泵

稳定状态 S_1
离心泵具备开泵条件

② 离心泵开泵

稳定状态 S_2
离心泵开泵运行

③ 启动后的调整和确认

最终状态 FS 离心泵正常运行

B级 开泵操作

初始状态 S_0 离心泵空气状态—隔离—机、电、仪及辅助系统准备就绪

适用范围：普通离心泵（冷油泵）

初始状态：

(P)——泵的进出口阀门、压力表及润滑系统等附件灵活好用。

(P)——泵所属管线、阀门、法兰、联轴节、安全罩处于完好状态。

(P)——地脚螺栓，电机接地线及法兰螺栓等把紧，泵零部件安装齐全、正确、牢固。

(P)——各接合面及密封处有无泄漏（大修后要检查出、入口处盲板是否拆除）。

(P)——打开压力表阀门（压力表已经校验，开阀前应指示回零）。

(P)——确认泵的出入口阀门关闭。

(P)——联系电工，检查电机绝缘合格、转向正确，并给泵送电。

① 离心泵灌泵

[P]——盘车 2～3 周，确认无卡碰现象。

[P]——全开泵入口阀门，打开泵的出口放空阀门，使泵体内充满液体。

[P]——泵体内气体全部排出后，关闭出口放空阀门，通知班长及有关岗位准备开泵。

稳定状态 S_1 离心泵具备开泵条件

状态确认：泵体充满介质并无气体，机械密封无泄漏。

② 离心泵开泵

(P)——再次检查，确认泵的入口阀已开，出口阀门已关闭。

[P]——与相关岗位操作员联系。

[P]——按启动开关，启动电机，注意观察电机和泵的转动方向正确。

(P)——电机不允许超过额定电流。

(P)——检查各部位润滑、温度、声音及机械密封泄漏等情况。

(P)——憋压时间不超过 1min。

[P]——当泵出口压力稳定时，缓慢打开出口阀门，直至全开。

[P]——按工艺要求控制好流量和压力。

稳定状态 S_2 离心泵开泵运行

状态确认：泵出口压力稳定，电机电流在额定值以下。

③ 启动后的调整和确认

(P)——确认泵的振动正常。

(P)——确认轴承温度正常。

(P)——确认润滑油液面正常。

(P)——确认润滑油的温度。

(P)——确认无泄漏。

(P)——确认冷却水正常。

(P)——确认电动机的电流正常。

(P)——确认泵入口压力稳定。

(P)——确认泵出口压力稳定。

最终状态 FS 离心泵正常运行

状态确认：泵运转无异常声响，轴承振动、温度正常，无泄漏。

最终状态：

(P)——泵入口阀全开。

(P)——泵出口阀开。

(P)——泵出口压力在正常稳定状态。

(P)——动静密封点无泄漏。

（2）停泵操作

A 级　操作框架图

初始状态 S_0 离心泵正常运行

① 停泵

稳定状态 S_1 离心泵停运

② 备用

最终状态 FS 离心泵备用

B 级　停泵操作

初始状态 S_0 离心泵正常运行

适用范围：普通离心泵（冷油泵、热水循环泵）

初始状态：

(P)——泵入口阀全开。

(P)——泵出口阀开。

(P)——泵在运转。

稳定状态 S_1 离心泵停运

① 停泵

[P]——逐渐关闭泵的出口阀门，直至完全关闭

[P]——按动停止开关，停止电机运转。

(P)——在冬季时，检查伴热正常，防冻。

[P]——定时盘车。

最终状态 FS 离心泵备用

② 备用。

③ 紧急停泵　遇到下列情况之一者，则必须紧急停泵处理。

a．出现串轴、抱轴或轴承烧坏现象。

b．密封严重泄漏。

c．电机超温冒烟及跑单相。

d．因工艺或操作需要。

e．停电。

[P]——按停止开关，并立即关泵出口阀门。

[P]——其余步骤按正常停泵处理。

（3）正常切换操作

A 级 操作框架图

初始状态 S_0 在用泵运行状态，备用泵准备就绪，具备启动条件

① 启动备用泵

稳定状态 S_1 离心泵具备切换条件

② 切换

稳定状态 S_2 离心泵切换完毕

③ 切换后的调整和确认

最终状态 FS 备用泵切换后正常运行，原在用泵停用

B 级 切换操作

初始状态 S_0 在用泵运行状态，备用泵准备就绪，具备启动条件

初始状态确认：
在用泵
(P)——泵入口阀全开。
(P)——泵出口阀开。
(P)——泵出口压力在正常稳定状态。
备用泵
(P)——泵入口阀全开。
(P)——泵出口阀关闭。
(P)——润滑油液位正常。
(P)——冷却水投用正常。
(P)——电机送电。
① 按开泵步骤开备用泵

稳定状态 S_1 离心泵具备切换条件

状态确认：备用泵运行，机械密封无泄漏，出口压力正常平稳，电机电流正常。
② 切换
[P]——打开备用泵出口阀
[P]——关闭运转泵出口阀
按停泵程序停运转泵

稳定状态 S_2 离心泵切换完毕

状态确认：原备用泵正常运转，原在用泵停用。
③ 切换后的调整和确认同启动后的调整和确认
(P)——冬季注意防冻。

最终状态 FS 备用泵切换后正常运行，原在用泵停用

状态确认：备用泵处于正常运转状态，原在用泵处于停（备）用状态。

(P)——原在用泵（备用泵）要保持完好，随地可以启动。

(P)——原在用泵（备用泵）按规定每班盘车一次，转动180°。

（4）操作指南

离心泵的日常检查与维护

a．检查泵的出口压力和流量符合工艺要求。

b．检查电机运行情况良好，电机轴承温度≤65℃电机不超过额定电流。

c．经常检查机泵润滑情况良好，轴承箱压盖及丝堵无漏油现象。润滑油在规定范围内，油质合乎要求，如发现乳化、变质及含水应及时更换。

d．电机和泵体无异常声音，无振动。

e．检查密封处其他部位无泄漏，机械密封重质油≤5滴/分，轻质油≤10滴/分。

f．检查入口过滤网，如发现堵塞入口滤网而抽空，则应立即清洗过滤网。

g．按时巡回检查和填写机泵运行记录。

h．保持泵区和泵的卫生。

3．离心泵（P-9100A/B、P-9203A/B、P-9204A/B）的开、停与切换操作

（1）开泵操作

A级 操作框架图

初始状态 S_0 离心泵空气状态—隔离—机、电、仪及辅助系统准备就绪

① 离心泵灌泵

稳定状态 S_1 离心泵具备开泵条件

② 离心泵开泵

稳定状态 S_2 离心泵开泵运行

③ 启动后的调整和确认

最终状态 FS 离心泵正常运行

B级 开泵操作

初始状态 S_0 离心泵空气状态—隔离—机、电、仪及辅助系统准备就绪

适用范围：普通离心泵（热油泵）。

初始状态：

(P)——泵的进出口阀门、压力表及润滑系统等附件灵活好用。

(P)——泵所属管线、阀门、法兰、联轴节、安全罩处于完好状态。

(P)——地脚螺栓，电机接地线及法兰螺栓等把紧，泵零部件安装齐全、正确、牢固。

(P)——各接合面及密封处无泄漏（大修后要检查出入口处盲板拆除）。

(P)——打开压力表阀门（压力表已经校验，开阀前应指示回零）。

(P)——打开冷却水进出口阀门，给上适量的冷却水，并保持畅通。

(P)——确认泵的出入口阀门关闭。

(P)——联系电工，检查电机绝缘合格、转向正确，并给泵送电。

① 离心泵灌泵

a．投用流程

[P]——盘车2～3周。

(P)——确认无卡碰现象。

[P]——小开泵入口阀门。

[P]——小开泵的出入口放空阀门排气。

(P)——确认泵体内充满液体。

[P]——泵体内气体全部排出后，关闭出入口放空阀门。

[P]——泵入口阀门全开。

[P]——打开泵的封油阀。

(P)——确认封油线已清洗完毕。

b．热油泵启动前要预热

[P]——打开泵出口线上的预热阀。

(P)——确认泵体以30～50℃/h速度升温，缓慢预热。

(P)——确认泵轴没有反转。

(P)——确认泵体温度与操作温度相差不大于40℃。

[P]——通知班长及有关岗位准备开泵。

稳定状态 S_1 离心泵具备开泵条件

状态确认：泵体充满介质并无气体，机械密封无泄漏。

② 离心泵开泵

(P)——再次检查，确认泵的入口阀已开，出口阀门、连通阀门、预热阀门已关闭。

[P]——与相关岗位操作员联系。

[P]——按启动开关，启动电机。

(P)——确认电机和泵的转动方向正确。

(P)——确认电机不超过额定电流。
(P)——检查各部位润滑、温度、声音及机械密封泄漏等情况。
(P)——确认憋压时间不超过1min。
[P]——当泵出口压力稳定时，缓慢打开出口阀门，直至全开。
[P]——按工艺要求控制好流量和压力。

稳定状态 S_2 离心泵开泵运行

状态确认：泵出口压力稳定，电机电流在额定值以下。
③ 启动后的调整和确认
(P)——确认泵的振动正常。
(P)——确认轴承温度正常。
(P)——确认润滑油液面正常。
(P)——确认润滑油的温度。
(P)——确认无泄漏。
(P)——确认冷却水正常。
(P)——确认电动机的电流正常。
(P)——确认泵入口压力稳定。
(P)——确认泵出口压力稳定。

最终状态 FS 离心泵正常运行

状态确认：泵运转无异常声响，轴承振动、温度正常，无泄漏。
最终状态：
(P)——泵入口阀全开。
(P)——泵出口阀开。
(P)——泵出口压力在正常稳定状态。
(P)——动静密封点无泄漏。
（2）停泵操作

A级 操作框架图

初始状态 S_0 离心泵正常运行

① 停泵

稳定状态 S_1 离心泵停运

② 备用

最终状态 FS 离心泵备用

B 级 停泵操作

初始状态 S_0 离心泵正常运行

适用范围：普通离心泵（热油泵）

初始状态：

(P)——泵入口阀全开。

(P)——泵出口阀开。

(P)——泵在运转。

稳定状态 S_1 离心泵停运

① 停泵

[P]——逐渐关闭泵的出口阀门，直至完全关闭。

[P]——按动停止开关，停止电机运转。

[P]——停泵后，将泵预热阀门打开，给泵预热备用。

[P]——定时盘车。

最终状态 FS 离心泵备用

② 紧急停泵 遇到下列情况之一者，则必须紧急停泵处理。

a．出现串轴，抱轴或轴承烧坏现象；

b．密封严重泄漏；

c．电机超温冒烟及跑单相；

d．因工艺或操作需要；

e．停电。

[P]——按停止开关，并立即关泵出口阀门。

[P]——其余步骤按正常停泵处理。

（3）正常切换操作

A 级 操作框架图

初始状态 S_0 在用泵运行状态，备用泵准备就绪，具备启动条件

① 启动备用泵

稳定状态 S_1 离心泵具备切换条件

② 切换

稳定状态 S_2 离心泵切换完毕

③ 切换后的调整和确认

最终状态 FS 备用泵切换后正常运行，原在用泵停用

B 级 切换操作

初始状态 S_0 在用泵运行状态，备用泵准备就绪，具备启动条件

初始状态确认：

在用泵

(P)——泵入口阀全开。

(P)——泵出口阀开。

(P)——泵出口压力在正常稳定状态。

备用泵

(P)——泵入口阀全开。

(P)——泵出口阀关闭。

(P)——润滑油液位正常。

(P)——冷却水投用正常。

(P)——电机送电。

① 按开泵步骤开备用泵

稳定状态 S_1 离心泵具备切换条件

状态确认：备用泵运行，机械密封无泄漏，出口压力正常平稳，电机电流正常。

② 切换

[P]——打开备用泵出口阀。

[P]——关闭运转泵出口阀。

按停泵程序停运转泵

稳定状态 S_2 离心泵切换完毕

状态确认：原备用泵正常运转，原在用泵停用。

③ 切换后的调整和确认同启动后的调整和确认

最终状态 FS 备用泵切换后正常运行，原在用泵停用

状态确认：原备用泵处于正常运转状态，原在用泵处于停（备）用状态。

(P)——原在用泵（备用泵）要保持完好，随地可以启动。

(P)——原在用泵（备用泵）要保持预热状态，冷却水投用、封油投用。

(P)——原在用泵（备用泵）按规定每班盘车一次，转动180°。

（4）操作指南

离心泵的日常检查与维护：

a．检查泵的出口压力和流量符合工艺要求。

b．检查电机运行情况良好，电机轴承温度≤65℃电机不超过额定电流。

c．经常检查机泵润滑情况良好，轴承箱压盖及丝堵无漏油现象。润滑油在规定范围内，油质合乎要求，如发现乳化、变质及含水应及时更换。

d．电机和泵体无异常声音，无振动。

e．检查密封处其他部位无泄漏，机械密封重质油≤5 滴/min，轻质油≤10 滴/min。

f．检查入口过滤网，如发现堵塞入口滤网而抽空，则应立即清洗过滤网。

g．按时巡回检查和填写机泵运行记录。

h．保持泵区和泵的卫生。

4．液下泵（P-9303、P-9304）的开、停操作

（1）开泵操作

A级 操作框架图

初始状态 S_0 泵空气状态—隔离—机、电、仪及辅助系统准备就绪

① 灌泵

稳定状态 S_1 泵具备开泵条件

② 开泵

稳定状态 S_2 泵开泵运行

③ 启动后的调整和确认

最终状态 FS 泵正常运行

B 级 开泵操作

初始状态 S_0 泵空气状态—隔离—机、电、仪及辅助系统准备就绪

适用范围：长轴液下泵（冷油泵）

初始状态：

(P)——泵的出口阀门、压力表及润滑系统等附件灵活好用。

(P)——泵所属管线、阀门、法兰、联轴节、安全罩处于完好状态。

(P)——地脚螺栓，电机接地线及法兰螺栓等把紧，泵零部件安装齐全、正确、牢固。

(P)——各接合面及密封处无泄漏（大修后要检查出、入口处盲板是否拆除）。

(P)——按规定加上合格的润滑油脂。

(P)——打开压力表阀门（压力表已经校验，开阀前应指示回零）。

(P)——联系电工，检查电机绝缘合格、转向正确，并给泵送电。

① 灌泵

（P）——确认罐内已经有液体并达到一定高度。

[P]——盘车 2～3 周。

(P)——确认无卡碰现象。

稳定状态 S_1 泵具备开泵条件

状态确认：泵体充满介质并无气体，机械密封无泄漏。

② 开泵

(P)——再次检查，确认出口阀门已关闭。

[P]——与相关岗位操作员联系。

[P]——按启动开关，启动电机。

(P)——确认电机和泵的转动方向正确。

(P)——确认电机不允许超过额定电流。

(P)——检查各部位润滑、温度、声音及机械密封泄漏等情况。

(P)——确认憋压时间不超过 1min。

[P]——当泵出口压力稳定时，缓慢打开出口阀门，直至全开。

[P]——按工艺要求控制好流量和压力。

稳定状态 S_2
泵开泵运行

状态确认：泵出口压力稳定，电机电流在额定值以下。

③ 启动后的调整和确认

(P)——确认泵的振动正常。

(P)——确认轴承温度正常。

(P)——确认无泄漏。

(P)——确认电动机的电流正常。

(P)——确认泵出口压力稳定。

最终状态 FS
泵正常运行

状态确认：泵运转无异常声响，轴承振动、温度正常，无泄漏。

最终状态：

(P)——泵出口阀开。

(P)——泵出口压力在正常稳定状态。

(P)——动静密封点无泄漏。

（2）停泵操作

A 级 操作框架图

初始状态 S_0
泵正常运行

① 停泵

稳定状态 S_1
泵停运

② 备用

最终状态 FS
泵备用

B 级 停泵操作

初始状态 S_0
泵正常运行

适用范围：液下泵（冷油泵）

初始状态：
(P)——泵出口阀开。
(P)——泵在运转。

稳定状态 S_1 泵停运

① 停泵
[P]——逐渐关闭泵的出口阀门，直至完全关闭。
[P]——按动停止开关，停止电机运转。
[P]——定时盘车。

最终状态 FS 泵备用

② 备用。
③ 紧急停泵　遇到下列情况之一者，则必须紧急停泵处理。
a．出现串轴、抱轴或轴承烧坏现象。
b．密封严重泄漏。
c．电机超温冒烟及跑单相。
d．因工艺或操作需要。
e．停电。
[P]——按停止开关，并立即关泵出口阀门。
[P]——其余步骤按正常停泵处理。
（3）操作指南
泵的日常检查与维护。
a．检查泵的出口压力和流量符合工艺要求。
b．检查电机运行情况良好，电机轴承温度≤65℃电机不超过额定电流。
c．经常检查机泵润滑情况良好，轴承箱压盖及丝堵无漏油现象。
d．电机和泵体无异常声音，无振动。
e．检查密封处其他部位无泄漏，机械密封重质油≤5 滴/min，轻质油≤10 滴/min。
f．按时巡回检查和填写机泵运行记录。
g．保持泵区和泵的卫生。
5．高压注水泵（P-9102A/B）的开、停与切换操作
（1）开泵操作

A 级 操作框架图

初始状态 S_0 高压注水泵空气状态—隔离—机、电、仪及辅助系统准备就绪

① 开泵前的准备

a．泵体检查

b．电机送电

稳定状态 S_1 高压注水泵具备灌泵条件

② 灌泵

稳定状态 S_2 高压注水泵具备启动条件

③ 启泵

稳定状态 S_3 高压注水泵启动运行

④ 泵启动后确认和调整

a．泵；

b．电动机；

c．工艺系统。

最终状态 FS 高压注水泵处于正常运行状态

B 级　开泵操作

初始状态 S_0 高压注水泵空气状态—隔离—机、电、仪及辅助系统准备就绪

初始状态确认：

(P)——全面检查系统流程。

(P)——检查机泵各部件齐全，安装牢固无泄漏、螺丝与接地线无松动。

(P)——按规定加润滑油，润滑油液面在 1/2～2/3 之间。

(P)——检查入口管线过滤网，出口安全阀、压力表齐全符合要求，打开压力表阀门。

(P)——盘车 2～3 圈，确认无卡碰现象，处于完好状态。

(P)——联系电工，检查电机绝缘符合要求，并给各机泵送电。

稳定状态 S_1 高压注水泵具备灌泵条件

① 灌泵

[P]——打开入口阀，检查关闭出口第二道阀。

[P]——打开出口第一道阀和排空阀，排净入口管线和泵体内气体。

[P]——关闭出口第一道阀和放空阀。

(P)——通知班长到现场，并与有关岗位联系，准备开泵。

稳定状态 S_2 高压注水泵具备启动条件

状态确认：泵体充满介质并无气体，机械密封无泄漏。

② 高压注水泵试车(新安装或大修后进行)

[P]——打开泵入口阀门，出口第一道阀和排凝阀。

(P)——确认第二道出口阀已关闭。

[P]——调整电机调频电流至最小值。

[P]——按启动按钮启动电机。

[P]——缓慢关小出口放空阀，进行试压，压力达到出口压力的 1.2 倍即止。

[P]——检查泵各部位有无问题，按停止按钮，停止电机运转。

[P]——试车合格后，关闭第一道阀门及放空阀。

③ 高压注水泵启泵

[P]——打开注水返回阀，或打开出口放空阀门。

[P]——启动电机。

[P]——缓慢关闭返回阀、或缓慢关闭放空阀，调节泵出口压力，当泵出口压力。大于或等于系统压力时，迅速打开泵出口阀，同时关闭返回阀或放空阀。

(P)——检查泵各部运转正常。

[P]——调整电机调频电流至装置需要注水量。

注意：a. 关闭出口返回阀或出口放空阀时，当关小到一定程度时，出口压力将上升很快，很难控制。因此，当出口返回阀或出口放空阀关到一定程度时，可以先打开出口阀，然后迅速关闭出口返回阀或出口放空阀，以防止超压使泵出口安全阀启跳或出现其他危险。

b. 实际操作启泵时，在出口阀没开之前，如果利用注水返回阀的细微调解，能够使泵出口压力可以控制在系统压力左右时，可以在此时再打开出口阀。此处需要在实际操作中进行摸索。

稳定状态 S_3 高压注水泵启动运行

状态确认：泵出口压力稳定，电机电流在额定值以下。

④ 启动后的调整和确认

(P)——确认泵的振动在指标范围内。

(P)——确认轴承温度和声音正常。

(P)——确认齿轮箱温度和声音正常。
(P)——确认润滑油液面正常，品质合格。
(P)——确认电动机的电流正常。
(P)——确认泵入口压力稳定。
(P)——确认泵出口压力稳定。
(P)——确认泵出口安全阀没有起跳。
[P]——调整泵出口流量。

最终状态 S_4 高压注水泵处于正常运行状态

状态确认：泵运转无异常声响，轴承振动、温度正常，无泄漏。
最终状态：
(P)——泵入口阀全开。
(P)——泵出口阀开。
(P)——泵出口压力正常。
(P)——泵出口流量正常。
(P)——动静密封点无泄漏。
（2）停泵操作

A 级 操作框架图

初始状态 S_0 高压注水泵正常运行状态

① 停泵

最终状态 FS 高压注水泵停运

B 级 停泵操作

初始状态 S_0 高压注水泵正常运行状态

初始状态：
(P)——泵入口阀全开。
(P)——泵出口阀全开。
(P)——泵出口压力正常。
(P)——泵出口流量正常。
② 停泵
(P)——确认泵出口单向阀好用。
[P]——打开出口线上注水返回阀，或出口放空阀。
[P]——切断电源，同时立即关闭泵出口阀。

[P]——卸掉泵体内压力，然后关出口下数第一道阀及放空阀。

最终状态 FS 高压注水泵停运

（3）正常切换操作

A级 操作框架图

初始状态 S_0 在用泵运行状态，备用泵准备就绪，具备启动条件

① 启动备用泵

稳定状态 S_1 高压注水泵具备切换条件

② 切换

最终状态 FS 高压注水泵切换完毕

B级 切换操作

初始状态 S_0 在用泵运行状态，备用泵准备就绪，具备启动条件

初始状态确认：

在用泵

(P)——泵入口阀全开。

(P)——泵出口阀开。

(P)——泵出口压力正常。

(P)——泵出口流量正常。

(P)——运转泵工作正常。

备用泵

(P)——润滑油液位正常。

(P)——电机送电。

① 按开泵步骤开启备用泵

稳定状态 S_1 高压注水泵具备切换条件

状态确认：备用泵运行，密封无泄漏，出口压力正常平稳，电机电流正常。

② 切换

[P]——打开原备用泵出口阀，关闭放空阀。
[P]——打开原运转泵旁路阀，关闭出口阀。
按停泵程序停运转泵（切换时注意压力和流量的变化不能太大）

最终状态 FS 高压注水泵切换完毕

状态确认：原备用泵正常运转，原在用泵停用。

（4）操作指南

① 正常检查和维护

a．检查泵，电机等各部位的运转情况。

b．检查泵出口压力、流量正常平稳。

c．泵体无振动、撞击、摩擦等异常现象及各密封部位无泄漏。

d．轴承≤70℃。

e．检查润滑油液位正常，无变质、乳化等现象，要定期更换新油。

f. 备用机泵每天要盘车一次。

g．认真检查，做好记录。

② 常见故障及处理方法见表3-7。

表3-7 常见故障及处理方法

原　因	处理方法
a．泵不能启动	
(a) 电源一相或两相断电	(a) 检查电源供电情况及检查保险丝和线路接触是否良好
(b) 排出阀未打开或排出管路堵塞	(b) 打开阀门或疏通排出管路
b．排出量不足或排量不稳定	
(a) 吸入管径不合适或管内堵塞	(a) 选用合适的吸入管，消除管路中堵塞
(b) 吸入高度过低	(b) 提高吸入液位，降低泵的高度
(c) 吸入管漏气、漏压	(c) 修理泄漏处
(d) 填料漏气、漏液	(d) 压紧压盖螺母或换填料
(e) 安全阀密封不良	(e) 检查修理或更换
(f) 电机转速不正常	(f) 检查电源电压
c．压力达不到要求	
(a) 吸入与排出阀失灵	(a) 检查、更换
(b) 填料或安全阀严重泄漏	(b) 拧紧压盖螺母或更换新填料，检修或更换安全阀
d．阀有剧烈的撞击声	
(a) 弹簧力减少或弹簧损坏	(a) 更换新弹簧
e．柱塞过渡发热	
(a) 填料压得过紧	(a) 调整压紧螺母
(b) 填料磨损严重	(b) 更换新填料
f．传热部分过热或产生摩擦	
(a) 润滑油不足	(a) 增添或更换润滑油
(b) 连杆、曲柄、十字头有磨损或间隙过大	(b) 检查有关零件、修理或更换
(c) 轴承压盖间隙调整得不合适	(c) 调整压盖间隙至适当
(d) 轴承精度过低	(d) 更换新轴承

6．贫溶剂泵（P-9103A/B）的开、停与切换操作

（1）开泵操作

A级 操作框架图

初始状态 S_0 **贫溶剂**泵空气状态—隔离—机、电、仪及辅助系统准备就绪

① 开泵前的准备

a．泵体检查。

b．电机送电。

稳定状态 S_1 贫溶剂泵具备灌泵条件

② 灌泵

稳定状态 S_2 贫溶剂泵具备启动条件

③ 启泵

稳定状态 S_3 贫溶剂泵启动运行

④ 泵启动后确认和调整

a．泵。

b．电动机。

c．工艺系统。

最终状态 FS 贫溶剂泵处于正常运行状态

B级 开泵操作

初始状态 S_0 **贫溶剂**泵空气状态—隔离—机、电、仪及辅助系统准备就绪

初始状态确认：

(P)——全面检查泵系统流程。

(P)——检查机泵各部件齐全，安装牢固无泄漏、螺丝与接地线无松动。

(P)——冷却水管线连接正确。

(P)——联轴器护罩应安装牢固。

(P)——按规定加 8L 润滑油，一边盘车，一边加油，加至油位达到距油标视镜观察孔顶部的 1/4 处，润滑油为壳牌 ATFIID 自动变速箱专用油。

(P)——启动辅助油泵，运行 2～3min，检查低油位，调节油位调节套高度使低油位稳定在指示器的中线上，若达不到，可以补加润滑油，不宜过多，过多易产生雾化。辅助油泵正常工作油压：泵出口压力 0.25～0.45MPa。

(P)——检查入口管线过滤网，压力表齐全符合要求。

(P)——盘车 2～3 圈，确认无卡碰现象，处于完好状态。

(P)——联系电工，检查电机绝缘符合要求，并给各机泵送电。

稳定状态 S_1 贫溶剂泵具备灌泵条件

① 灌泵

[P]——打开各个仪表开关。

[P]——打开入口阀。

[P]——打开出口排气阀去贫液阀，排净泵体内气体后关闭。

[P]——投用冷却水，无泄露，供水满足要求。

[P]——启动机械密封辅助控制系统。

(P)——通知班长到现场，并与有关岗位联系，准备开泵。

稳定状态 S_2 贫溶剂泵具备启动条件

状态确认：泵体充满介质并无气体，机械密封无泄漏。

② 贫溶剂试车（新安装或大修后进行）

[P]——开泵前，打开润滑油系统排气阀，用手盘车 5～10 周（必须按箭头所示方向），然后关闭排气阀。

[P]——打开泵入口阀门，并将出口阀稍开（切勿全部关闭主泵出口阀启动泵）。

[P]——启动辅助油泵，运行 2～3min，检查低油位指示器的油位。待低油位指示器中的油位稳定及辅助油泵出口压力已达到正常油压。

[P]——调整电机调频电流至最小值。

[P]——按启动按钮启动电机。

[P]——当主油泵油压达到设定值后，压力开关会按要求命令辅助油泵自动停机，进入正常运转，否则应停机检修主油泵，排除故障后方可再次运行。

[P]——当主泵转速达到额定值，确认压力已经上升之后，在 60s 内均匀地打开出口阀，调至需要的工况，以免流速突变，入口管路抽空。

[P]——在机组已经运行了足够长的时间，达到正常的操作温度和条件后，应停车，进行热对中检查。

[P]——检查泵各部位有无问题，按停止按钮，停止电机运转。

[P]——关闭泵出口阀。

③ 贫溶剂泵启泵

[P]——开泵前，打开润滑油系统排气阀，用手盘车 5～10 周(必须按箭头所示方向)，然后关闭排气阀。

[P]——打开泵入口阀门，并将出口阀稍开（切勿全部关闭主泵出口阀启动泵）。

[P]——启动辅助油泵，运行 2～3min，检查低油位指示器的油位。待低油位指示器中的油位稳定及辅助油泵出口压力已达到正常油压，PI-6102 值大于 0.1MPa。

[P]——调整电机调频电流至最小值。

[P]——按启动按钮启动电机。

[P]——当主油泵油压达到设定值后，压力开关会按要求命令辅助油泵自动停机，进入正常运转，否则应停机检修主油泵，排除故障后方可再次运行。

[P]——当主泵转速达到额定值，确认压力已经上升之后，在 60s 内均匀地打开出口阀，调至需要的工况，以免流速突变，入口管路抽空。

[P]——在机组达到正常的操作温度和条件后，检查泵各部位。

注意：

a. 盘车时必须按箭头所示方向。

b. 切勿全部关闭主泵出口阀启动泵。

c. 主泵转速达到额定值，油压没有达到正常值应停机检修主油泵，排除故障后方可再次运行。

稳定状态 S_3 **贫溶剂**泵启动运行

状态确认：泵出口压力稳定，电机电流在额定值以下。

④ 启动后的调整和确认

(P)——确认泵的振动和噪声在指标范围内。

(P)——确认轴承温度和声音正常。

(P)——确认润滑油压力、温度、油位正常。

(P)——确认泵的流量、出口压力正常。

(P)——确认电动机的电流正常。

(P)——确认泵入口压力稳定。

(P)——确认泵各部的温升稳定。

(P)——确认泵冷却水流量、压力及温度正常。

(P)——确认机械密封泄漏正常。

最终状态 FS 贫溶剂泵处于正常运行状态

状态确认：泵运转无异常声响，轴承振动、温度正常，无泄漏。

最终状态：

(P)——泵入口阀全开。

(P)——泵出口阀开。

(P)——泵出口压力正常。

(P)——泵出口流量正常。

(P)——动静密封点无泄漏。

（2）停泵操作

A 级 操作框架图

初始状态 S_0 贫溶剂泵正常运行状态

① 停泵

最终状态 FS 贫溶剂泵停运

B 级 停泵操作

初始状态 S_0 贫溶剂泵正常运行状态

初始状态：

(P)——泵入口阀全开。

(P)——泵出口阀全开。

(P)——泵出口压力正常。

(P)——泵出口流量正常。

② 停泵

(P)——确认泵出口单向阀好用。

[P]——缓慢关闭泵出口阀，但不要关死。

[P]——切断电源及各种仪表开关。

[P]——关闭进、出口阀。

[P]——待泵冷却后再关闭冷却水管路。

[P]——将泵内液体排空。

最终状态 FS 贫溶剂泵停运

（3）正常切换操作

A 级 操作框架图

初始状态 S_0 在用泵运行状态，备用泵准备就绪，具备启动条件

① 启动备用泵

稳定状态 S_1 贫溶剂泵具备切换条件

② 切换

最终状态 FS 贫溶剂泵切换完毕

B级 切换操作

初始状态 S_0 在用泵运行状态，备用泵准备就绪，具备启动条件

初始状态确认：
在用泵
(P)——泵入口阀全开。
(P)——泵出口阀开。
(P)——泵出口压力正常。
(P)——泵出口流量正常。
(P)——运转泵工作正常。
备用泵
(P)——辅助油泵出口压力已达到正常油压，PI-6101 值大于 0.1MPa。
(P)——润滑油液位正常。
(P)——电机送电。
① 按开泵步骤开启备用泵

稳定状态 S_1 贫溶剂泵具备切换条件

状态确认：备用泵运行，密封无泄漏，出口压力正常平稳，电机电流正常。
② 切换
[P]——按启动泵程序启动备用泵。
[P]——两泵进行等负荷切换。
(P)——确认后启动泵运行正常。
[P]——停原运行泵，关闭泵出口阀。
按停泵程序停运转泵（切换时注意压力和流量的变化不能太大）

最终状态 FS 贫溶剂泵切换完毕

状态确认：原备用泵正常运转，原在用泵停用。

（4）操作指南

① 正常检查和维护

a. 检查泵、电机等各部位的运转情况。

b. 检查泵出口压力、流量正常平稳。

c. 泵体无振动、撞击、摩擦等异常现象及各密封部位无泄漏。

d. 轴承正常。

e. 检查润滑油液位正常，无变质、乳化等现象，要定期更换新油。

f. 备用机泵每天要盘车一次。

g. 认真检查，做好记录。

h. 检查泵电流正常。

i. 检查泵机械密封泄漏正常。

② 数据表

入口压力：0.3MPa；

出口压力：6.4MPa；

正常流量：26m^3/h；

泵型号：GSB-L1-26/628；

电机功率：110kW；

电机转速:2980r/min；扬程：628m；

使用润滑油牌号：壳牌 ATFIID 自动变速箱专用油。

③ 常见故障及处理方法　常见故障及处理方法如表 3-8 所示。

表 3-8　常见故障及处理方法

故　障	原　因	解决方法
流量不足，压力不够，或不出液位	1. 转速过低 2. 泵吸入管内未灌满液体，留有空气 3. 入口压力过低或吸程过高，超过规定 4. 转向不对 5. 吸入管、排气管、叶轮内积有异物 6. 叶轮腐蚀或磨损严重	1. 检查电源电压 2. 全开入口阀，向泵内灌满液体，排除吸入管路漏气点，排净气体 3. 检查液位高度，必要时降低安装高度 4. 按转向牌要求改正转向 5. 清除异物 6. 更换叶轮
启动后泵断流	1. 供液不足 2. 泵汽蚀 3. 介质中有空气或蒸汽	1. 保证入口阀全开 2. 检查液位高度，增加入口压力，排除入口管和过滤器堵塞 3. 检查并排除入口系统漏气点
流量扬程不符合要求	1. 泵汽蚀 2. 流量太大，压力过低 3. 流量太小液体过热而汽化 4. 压力表和流量计失准 5. 诱导轮叶轮损坏 6. 扩压器喉部堵塞	1. 同前 2. 检查出口阀操作是否有误，有否虚扣，关小调节阀 3. 开大调节阀增大流量 4. 检查并校核仪表 5. 更换相应零件 6. 清除异物

续表

故　障	原　因	解决方法
出口压力波动过大	1. 流量太小 2. 泵汽蚀 3. 调节阀故障	1. 增大流量 2. 同前 3. 检查并修理
泵振动及噪声	1. 流量过小 2. 泵汽蚀 3. 吸入管路进气 4. 零部件松动 5. 泵和电机轴不同心 6. 泵轴弯曲或磨损过多 7. 轴承损坏 8. 叶轮内异物造成不平衡 9. 基础不完善 10. 地脚螺钉松动	1. 加大流量 2. 同上 3. 排除吸入管路漏气点，排净气体 4. 上紧螺母或更换零部件 5. 检查对中性并处理 6. 校直或更换 7. 检查更换 8. 去除异物 9. 完善基础 10. 拧紧螺钉
电机超载	1. 超载信号错误 2. 转速太高 3. 接线错误，两相运行，网路电压下降 4. 介质密度和黏度过大 5. 泵轴卡住或转动部件卡入异物，转动不灵 6. 泵轴弯曲或泵轴与电机轴不同心	1. 检查操作控制信号 2. 按电机说明书检查 3. 检查电机电源及接线状态 4. 检查额定条件 5. 检查转动部件有无异物，更换引起故障的部件 6. 校正
润滑油泵不上压或压力偏低	1. 油泵有漏气处 2. 油路中有气堵塞 3. 系统管路装配不完善有泄漏点 4. 油泵损坏内部间隙过大 5. 径向轴承间隙过大 6. 油温过高	1. 检查排除 2. 放气 3. 检查各密封点，排除漏点 4. 排除或更换 5. 更换 6. 改善冷却
润滑油泵压力偏高或运转中油压不断升高	1. 油脏，过滤器堵塞 2. 油进水，油液乳化	1. 彻底清洗箱体，换油，换过滤器，清洗冷却器 2. 检查冷却器漏点，机封损坏情况，更换受损部件
油温过高	1. 润滑油品牌不当 2. 冷却水流量不足 3. 冷却水脏 4. 油污染 5. 低油位过高，搅动	1. 换规定牌号润滑油 2. 检查冷却器冷却水进出口两端压差，增大冷却水流量 3. 检查水质，并排除 4. 检查冷却器有否漏水，过滤器有无破损，换油，换过滤器、冷却器 5. 调低油位
密封泄漏超标	1. 泵汽蚀振动 2. 动、静环破裂 3. 动、静环腐蚀 4. 动、静环磨损严重或密封面划伤 5. 弹簧腐蚀，弹力不够	1. 消除泵的汽蚀 2. 更换 3. 更换新材料 4. 换新密封环或重新研磨 5. 换新弹簧

（三）冷换设备的投用与切除操作

1. 换热器的投用与切除

（1）换热器的投用操作

投用纲要（A级）

初始状态 S_0 换热器处于空气状态—隔离

① 换热器拆盲板

稳定状态 S_1 换热器盲板拆除

② 换热器置换

稳定状态 S_2 换热器置换合格

③ 换热器投用

a. 充冷介质。

b. 投用冷介质。

c. 充热介质。

d. 投用热介质。

稳定状态 S_3 换热器投用

④ 换热器投用后的检查和调整

最终状态 FS 换热器正常运行

投用操作（B级）

初始状态 S_0 换热器处于空气状态—隔离

适用范围：单台或一组换热器。

流动介质：循环水、软化水、蒸汽、液体烃类化合物、气体等。

初始状态确认

(P)——换热器检修验收合格。

(P)——换热器与工艺系统隔离。

(P)——换热器密闭排凝线隔离。

(P)——换热器放火炬线隔离。

(P)——换热器放空阀和排凝阀的盲板或丝堵拆下，阀门打开。

(P)——换热器蒸汽线、N_2线隔离。

(P)——压力表、温度计安装合格。

(P)——换热器周围环境整洁。

(P)——消防设施完备。

① 换热器拆盲板

(P)——确认换热器放火炬阀，密闭排凝阀，冷介质入口，出口阀，热介质入口，出口阀关闭；蒸汽、N_2吹扫置换线手阀及其他与工艺系统连接阀门关闭。

[P]——拆换热器放火炬线盲板。

[P]——拆换热器密闭排凝线盲板。

[P]——拆换热器冷介质入口、出口盲板。

[P]——拆换热器热介质入口、出口盲板。

[P]——拆吹扫、置换蒸汽、N_2线盲板。

[P]——拆其他与工艺系统连线盲板。

状态确认：拆除换热器各盲板，将换热器连入系统。

注意 换热器拆除盲板后，用置换介质做一次法兰的气密试验

稳定状态 S_1 换热器盲板拆除

② 换热器置换

[P]——确认换热器管、壳程高点放空阀，低点排凝阀打开。

[P]——缓慢打开壳程放空阀和排凝阀见气。

[P]——缓慢打开管程N_2阀门。

[P]——确认管程放空阀和排凝阀见气。

[P]——采样分析换热器管、壳程。

[P]——确认管、壳程置换合格。

[P]——关闭管、壳程放空阀。

[P]——关闭管、壳程氮气阀。

[P]——关闭管、壳程放空阀和排凝阀。

稳定状态 S_2 换热器置换合格

状态确认：换热器管、壳程氮气置换合格。

③ 换热器投用

<P>——现场准备好随时可用的消防蒸汽带。

<P>——投用有毒有害介质的换热器，佩戴好防护用具。

a. 充冷介质

[P]——确认好换热器冷介质旁路阀开。

[P]——稍开换热器冷介质出口阀。

[P]——稍开换热器放空阀（不允许外排的介质，稍开密闭放空阀）。

[P]——确认换热器充满介质。

[P]——关闭放空阀（或密闭放空阀）。

注意
对于沸点低的介质、充介质过程中防止换热器冻凝

不允许外排的介质
1．有毒、有害的介质 2．温度高于自燃点的介质 3．易燃、易爆的介质

b. 投用冷介质

[P]——缓慢打开换热器冷介质出口阀。

[P]——缓慢打开换热器冷介质入口阀。

[P]——缓慢关闭换热器冷介质旁路阀。

c. 充热介质

[P]——确认换热器介质旁路阀开。

[P]——稍开换热器热介质出口阀。

[P]——稍开换热器放空阀（不允许外排的介质，稍开密闭放空阀）。

[P]——确认换热器充满介质。

[P]——关闭放空阀（或密闭放空阀）。

d. 投用热介质

[P]——缓慢打开换热器热介质出口阀。

[P]——缓慢打开换热器热介质入口阀。

[P]——缓慢打开换热器热介质旁路阀。

稳定状态 S_3
换热器投用

状态确认：换热器内充满介质且无泄漏。

④ 换热器投用后的检查和调整

[P]——确认换热器无泄漏。

[P]——按要求进行热紧。
[P]——检查和调整换热器冷介质入口和出口温度、压力、流量。
[P]——检查和调整换热器热介质入口和出口温度、压力、流量。
[P]——换热器吹扫，置换蒸汽线加盲板。
[P]——换热器吹扫，置换 N_2 线加盲板。
[P]——密闭排凝线加盲板。
[P]——放火炬线或密闭放空线加盲板。
[P]——放空阀和排凝阀加盲板或丝堵。
[P]——确认换热器运行正常。
[P]——恢复保温。
状态确认：换热器管、壳层出入口温度、压力、流量正常。
最终状态确认：
[P]——换热器冷介质入口，出口温度、压力和流量正常。
[P]——换热器热介质入口，出口温度、压力和流量正常。
[P]——换热器密闭排凝线、密闭放空线加盲板。
[P]——换热器排凝放火炬线加盲板。
[P]——换热器放空阀、排凝阀加盲板或丝堵。
[P]——换热器蒸汽、N_2 吹扫置换线加盲板。

最终状态 FS 换热器正常运行

（2）换热器切除操作

切除纲要（A 级）

初始状态 S_0 换热器正常运行

① 换热器切除

稳定状态 S_1 换热器切除

② 换热器备用
a. 换热器热备用。
b. 换热器冷备用。

稳定状态 S_2 换热器备用

③ 换热器交付检修

最终状态 FS
换热器交付检修

切除操作（B 级）

初始状态 S_0
换热器正常运行

适用范围：单台或一组换热器。
流动介质：循环水、软化水、蒸汽、液体碳氢化合物、气体等。
初始状态确认：
[P]——换热器冷介质入口、出口阀开。
[P]——换热器热介质入口、出口阀开。
[P]——换热器密闭排凝线盲板隔离。
[P]——换热器放火炬线盲板隔离。
[P]——换热器放空阀、排凝阀盲板或丝堵隔离。
[P]——换热器蒸汽、N_2 吹扫置换线盲板隔离。
① 换热器切除
[P]——打开热介质旁路阀。
[P]——关闭热介质入口阀。
[P]——关闭热介质出口阀。
[P]——打开冷介质旁路阀。
[P]——关闭冷介质入口阀。
[P]——关闭冷介质出口阀。

稳定状态 S_1
换热器切除

状态确认：换热器与系统断开，管、壳层内充满介质。
② 换热器备用
a. 热备用
[P]——打开冷介质出口阀。
[P]——稍开冷介质入口阀。
[P]——打开热介质出口阀。
[P]——稍开热介质入口阀。
[P]——确认换热器充满热介质。
[P]——确认热介质无冻凝、无汽化。
b. 冷备用
[P]——关闭热介质出口阀。

[P]——关闭热介质入口阀。
[P]——关闭冷介质出口阀。
[P]——关闭冷介质入口阀。
[P]——拆换热器密闭排凝阀线盲板。
[P]——拆换热器放火炬线盲板。
[P]——拆换热器蒸汽线、N_2线盲板。
[P]——拆换热器放空阀、排凝阀丝堵或盲板。
[P]——吹扫蒸汽排凝。
[P]——打开热介质密闭排凝阀或打开放火炬阀。
[P]——打开热介质侧的蒸汽或N_2阀。
[P]——确认热介质侧吹扫、置换合格。
[P]——关闭热介质侧蒸汽或N_2阀。
[P]——打开热介质侧排凝阀和放空阀。
[P]——确认冷介质侧吹扫、置换合格。
[P]——关闭冷介质侧蒸汽或N_2阀。
[P]——打开冷介质侧排凝阀和放空阀。

注意

换热器置换时，防止超温超压，防止烫伤；泄压时，特别注意防冻凝，严禁有毒有害介质随意排放

稳定状态 S_2
换热器备用

状态确认：换热器热备用时，管、壳层内有少量介质流过；换热器冷备用时，管、壳层内没有介质，且氮气置换合格。

③ 换热器交付检修
[P]——换热器与工艺系统盲板隔离。
[P]——换热器密闭排凝线盲板隔离。
[P]——换热器放火炬线盲板隔离。
[P]——换热器吹扫蒸汽线、氮气线盲板隔离。
(P)——确认换热器排凝和放空阀打开。
(P)——确认采样分析合格。

最终状态 FS
换热器交付检修

状态确认：换热器与系统被隔离开。

2. 空冷风机 A-9101、A-9201、A-9202、A-9203 系统的开、停操作

（1）开机操作

A 级　操作框架图

初始状态 S_0 风机停运状态—隔离—机、电、仪及辅助系统准备就绪

① 检查

稳定状态 S_1 风机具备开机条件

② 开机

稳定状态 S_2 风机开机运行

③ 启动后的调整和确认

最终状态 FS 风机正常运行

B 级　开机操作

初始状态 S_0 风机停运状态—隔离—机、电、仪及辅助系统准备就绪

适用范围：空冷器及风机。

初始状态：

(P)——确认空冷管束安装完毕且试压合格。

(P)——确认风机叶片安装牢固，角度适合。

(P)——确认安全网安装完毕。

(P)——确认水泵安装完毕，连接件紧固。

(P)——联系电工，检查电机绝缘合格、转向正确，并给风机和泵送电。

(P)——确认轴承部位已经加装润滑脂。

① 检查

[P]——盘车后点动风机。

(P)——确认风机叶轮俯视为顺时针旋转。

稳定状态 S_1 风机具备开泵条件

② 开风机

[P]——给风机盘车2～3圈。

[P]——按风机启动开关，启动电机，注意观察电机和风机的转动方向正确。

(P)——确认风向上吹。

稳定状态 S_2 风机开机运行

③ 启动后的调整和确认

(P)——确认风机无异常声响和振动。

(P)——确认风机回转部件无过热和松动。

[P]——每三个月给风机轴承加一次润滑脂。

(P)——确认电机电流不超标。

最终状态 FS 风机正常运行

状态确认：运转无异常声响，轴承振动、温度正常，无泄漏。

（2）停机操作

A级 操作框架图

初始状态 S_0 风机正常运行

① 停机

稳定状态 S_1 风机停运

② 备用

最终状态 FS 风机备用

B级 停机操作

初始状态 S_0 风机正常运行

适用范围：空冷器及风机。

初始状态：

(P)——风机在运转。

稳定状态 S_1 风机停运

① 停机

[P]——按动风机停止开关，停止风机电机运转。

最终状态 FS 风机备用

② 备用

③ 紧急停机 遇到下列情况之一者，则必须紧急停机处理。

a. 出现串轴、抱轴或轴承烧坏现象。

b. 密封严重泄漏。

c. 电机超温冒烟及跑单相。

d. 因工艺或操作需要。

e. 停电。

[P]——按停止开关。

（3）操作指南

① 使用安全与注意事项

a. 空冷管束

（a）管束不能超温、超压。

（b）升温升压要缓慢。

（c）先开风机，后进介质。

（d）停车时，用低压蒸汽吹扫并排净凝液，以免冻裂或腐蚀。

（e）检查无泄漏。

b. 风机

（a）试车时检查所有安装件安装完毕并紧固，风机启动严禁一次性启动，需逐渐做瞬时启动，各部件正常后可连续试运转，1h 后停车检查各部位，确认无异常即可投入使用。

（b）检修后检查保证风机转向从电机向风机看为顺时针旋转。

（c）风机角度不能超过规定值，以防电机过载。

（d）电机轴承温度不能超过 95℃。

（e）冷态电机允许连续启动 2 次，时间间隔大于 1min；热态只允许启动一次，热态启动后的下一次启动时间为 1h 后。

② 维护保养

a. 一般运行 3 个月，风机轴承要加入锂基润滑脂。

b. 定期检查泵叶轮磨损情况，严重时更换叶轮。

c. 风机、电机运行半年检查一次轴承，750～1500h 加一次油。

d. 冬季注意水线及水泵等处防冻问题

③ 故障原因及处理见表 3-9。

表 3-9 风机故障及排除方法

现　　象	产 生 原 因	排 除 方 法
电流计指示正常	叶轮角度异常变化	校正安装角后紧固
	叶轮平衡破坏	补校平衡
	皮带松动跳槽	调整皮带张紧力
传动部件异常振动	驱动部件螺钉松动	紧固松动部位螺钉
	旋转机构偏心	调整偏心
运动部件有异常声音	轴承磨损	更换轴承
	缺少润滑油	补充润滑油
	回转部件与固定部件接触	调整相反位置
	紧固螺钉松动	拧紧螺钉
回转部件过热	缺少润滑油	补充润滑油
	回转部位与非回转部位接触摩擦	调整间隙

（四）原料油过滤器的操作

在炼油工业中，自动反冲洗过滤器用作加氢裂化、加氢改质、加氢精制及脱硫等装置中反应器的前置过滤器时，可以有效地防止催化剂床层堵塞，减少频繁的工人切换操作和繁重的过滤器清洗工作，避免不必要的停工，从而保护了价格昂贵的催化剂，延长了装置的操作周期，降低了产品的生产成本，有显著的经济效益。

1. 流体性质

见表 3-10。

表 3-10 流体性质

设 计 参 数	单　　位	内　　容
流体（原料油）	—	直馏柴油+焦化汽油+焦化柴油的混合油
介质密度	kg/m^3	772
设计流量	m^3/h	340
设计温度	℃	150
设计压力	MPa(G)	容器设计压力：1.6MPa
反冲介质	—	滤后原料油
过滤器形式	—	直列式

2. 固体颗粒情况

见表 3-11。

表 3-11 固体颗粒情况

设 计 参 数	内　　容
过滤精度	25μm
固体类型	颗粒（机械杂物、胶质、焦粉等）
过滤效率	大于 25μm 颗粒去除率 99%

3. 反冲洗条件及效果

见表3-12。

表3-12 反冲洗条件及效果

设计参数	单位	内容
允许压降（污染）	MPa	0.15～0.2
反冲洗时间	h	>6
反冲洗后初始压降	MPa	0.05

4. 工艺描述

该过滤器可按处理量、物流流动性能等工艺参数进行系统产品设计及选型。

本系统为共有3列（共12组）并联的过滤组件元件的自动反冲洗过滤器。当过滤器处于反冲洗工作状态时，只有1组过滤元件在反冲洗，另11组过滤元件在正常过滤。当原料油流经装有滤芯的过滤容器时，颗粒物逐渐沉积并聚集在滤芯外表面区域形成滤饼。随着滤饼厚度的增加，液流越来越难于穿过滤芯，压差增大，当压差或PLC系统设定的定时时间达到预先的设定值时，PLC系统输出信号将对过滤器内的1组进行反冲洗。首先关闭该组的原料油进口阀，接着快速打开反冲洗阀，利用滤后的干净滤液从过滤器顶部到过滤器底部形成一个压迫流，将滤芯表面的滤饼脱掉，卸下的滤饼全部排入器外污油接收罐，然后关闭该组的反冲洗阀，打开进口阀，使其进入正常的过滤状态。依次进行，将过滤器的所有过滤元件均冲洗一次，使整套过滤器处于正常的过滤状态，等待下次的信号。

自动反冲洗过滤器由过滤容器、切换阀、PLC控制器等部件组成系统。它的主要特点是可以自动反冲洗，并且在任意反洗期间，只有1组过滤元件处于反冲洗，而另11组过滤元件一直处于在线工作，可以不间断地过滤原料介质。本系统同时能与DCS进行互相通信，通信接口为RS485，MODBUS RTU通信协议。

过滤器按列整体到达现场，总计为3列。

为了达到滤除固体颗粒的目的，设计采用316L不锈钢金属锲形缠绕丝网，并按处理量，控制单位过滤面积的适当流量，以有效地把固体颗粒截留在过滤元件的外表面，形成松散且均匀分布的滤饼，滤饼可以按下述方法去除。

① 自动控制模式

a.差动（自动）达到设定压差（将差压变送器信号输入控制箱的模拟模块）时，启动PLC对过滤元件进行冲洗。

b.时间设定　到达设定的时间（控制器内的时间模块启动），PLC自动对过滤元件进行冲洗。

② 手动操作　按PLC系统的机柜上启动按钮，可以对过滤元件进行强制冲洗。

5. 设备描述

自动反冲洗过滤器采用PLC系统控制，共设计为3列12组。其中包括：

① DN200双联滤壳12组及内部316L过滤元件；

② 所有自控阀门、执行机构及附件；

③ 油漆过的过滤器安装框架；

④ 检测仪表、仪表接线箱、PLC 控制器等部分组成。

（1）滤芯

类　　型：金属锲形缠绕丝网；

材　　质：316L，连接件为 304 不锈钢；

滤芯面积：2.907m^2/壳（总计 69.768m^2）；

滤芯尺寸：ϕ37.5mm×1300mm；

滤芯数量：38 条/组(共 456 条)；

开 孔 率：3%；

流 通 率：4.873$m^3/(m^2·h)$。

（2）过滤单元

数　　量：12 组(共 24 单元)；

筒体材质：20#钢；

设计压力：1.6MPa；

设计温度：200℃；

规　　格：ϕ273mm×7mm；

进口直径：DN80；

出口直径：DN80。

（3）装置参数

名　　称：自动反冲洗过滤器；

型　　号：ZFG-108/2.0～25μm；

数　　量：1 套(共 3 列)；

允许压降：0.15；

反洗周期：≥6h；

电气防爆及防护等级：ExdIICT4、IP65；

组　　件：过滤器壳体、管线、管件，阀门，滤芯组件，PLC 程序控制器，控制仪表支撑框架等；

法兰标准：SH3406；法兰密封面型式：RF。

（4）控制部分

PLC 采用 Siemens 公司 S7-300 系列产品 1 套、不锈钢控制柜；

反洗启动方式：根据设定压差与时间自动启动反洗操作，以先到设定值者为准；

操作控制系统：PLC 全自动控制、信号远传至中控室 DCS 系统，卖方配合买方完成 DCS 组态，保证通信正常运行；

PLC 防爆等级不低于 ExdIICT4(正压型)；

PLC 防护等级为不低于 IP65；

差压变送器：1 台；

气动阀门：24 台；

采用隔爆型仪表箱，并考虑散热因素，带遮阳板（落地式控制柜带小型操作间）。

6. 投用及停用操作

（1）首次投用前的确认

(P)——确认防爆仪表箱供风压力在正常范围。

(P)——确认过滤器控制板上的断路器已经通电。

(P)——确认过滤器控制柜上的触摸屏电源处于ON位置。

(P)——确认仪表箱显示屏工作正常，且冲洗程序设定完毕。

(P)——确认现场24个气动球阀开关灵活好用。

(P)——确认反冲洗气动球阀及排油气动球阀为关闭状态。

(P)——确认过滤器出、入口截止阀关闭。

(P)——确认反冲洗污油罐V-9303及污油泵P-9303具备使用条件。

(P)——确认过滤器前后压差表投用。

（2）原料油过滤器投用

[P]——打开过滤器组的副线阀。

(P)——确认P-9100A/B已经启动，向V-9101进油。

[P]——缓慢打开过滤器入口阀（防止刚开始进油时滤芯被过高的油压打碎）。

[P]——缓慢打开过滤器出口阀。

[P]——依次将3组过滤器投用完毕。

[P]——关闭过滤器组的副线阀。

[P]——确认过滤器进行手动反冲洗操作，且程序运行正常。

[P]——确认过滤器压差在0.15MPa以下。

（3）日常反冲洗操作说明

在日常生产中，过滤器为全自动状态，其前后压差为反冲洗的首要触发条件，通常将压差设置在0.15MPa。

时间为第二触发条件，其设定值是根据压差触发条件冲洗周期的平均值，再延迟1h。压差触发条件的冲洗周期一般在6h左右，其目的是防止压差信号长时间假值，造成过滤器无法正常工作。

第三触发条件为手动冲洗，即现场操作台上“人工强制反冲”按钮。为“自动运行”时强制手动反冲洗控制按钮，按住“人工强制反冲”按钮2s以上有效且必须在自动方式下按才有效。

（4）原料油过滤器停用

如过滤器发生故障，则需要停用

[P]——进入手动状态下处理。

[P]——打开过滤器副线阀。

[P]——关闭过滤器出、入口阀。

[P]——打开排污气动球阀，将油排出。

[P]——冬季注意防冻防凝工作。

注意：某些故障一定要在手动状态下处理，则先按停止按钮，等故障处理完成后再进入自动状态，然后按启动按钮使系统重新运行。

7. 正常调整

故障原因及调整方法如表 3-13 所示。

表 3-13 故障原因及调整方法

影响因素	调节方法
(1) 原料油温度低	(1) 提高原料油温度
(2) 处理量大	(2) 适当降低处理量
(3) 原料油中汽柴油比例高	(3) 调整原料油中汽柴油比例合适
(4) 原料油中杂质及胶质含量高	(4) 与调度联系，说明原因
(5) 原料油干点升高	(5) 与调度联系，说明情况

8. 异常处理

异常处理情况如表 3-14 所示。

表 3-14 异常处理情况

现象	原因	调节方法
过滤器前后压差增大，冲洗不下来	过滤器堵塞	清洗过滤器

若过滤器异常失控，则装置转入原料油中断事故处理预案。

（五）硫剂卸剂的操作

A 级 操作纲要

初始状态 S_1
V-9309 清理完毕，处于空罐状态

1．建立收硫剂流程

稳定状态 S_1
V-9309 可以收硫剂

2．硫剂卸剂

稳定状态 FS
硫剂卸剂完毕

B 级 操作说明

初始状态 S_1
V-9309 处于空罐状态

1. 建立收硫剂流程

[P]——投用 V-9309 安全阀前后截止阀。

[P]——稍开 V-9309 安全阀副线阀。
[P]——投用 V-9309 液面计上下引线阀。
[P]——关闭 V-9309 吹扫口阀。
[P]——打开 V-9309 进料线根部阀。
[P]——关闭 V-9309 进料线阀。
[P]——打开 V-9309 顶压力表引线阀。
[P]——关闭 V-9309 顶氮气阀。
[P]——关闭 V-9309 及各低点导淋阀。
[P]——夏季可打开新鲜水喷淋。
(M)——确认建立收硫剂流程完毕。

稳定状态 S_1 V-9309 可以收硫剂

2. 硫剂卸剂
[P]——检查卸剂方有化验分析单。
[P]——检查硫剂槽车安全阀正常。
[P]——检查硫剂槽车罐顶压力表正常。
[P]——检查硫剂槽车卸料口与进料线法兰对接好。
[P]——检查硫剂槽车氮气充压软管连接好。
[P]——检查硫剂槽车接好接地线。
[P]——打开氮气充压根部阀。
[P]——确认卸剂方打开槽车卸料阀。
[P]——确认卸剂方打开 V-9309 进料线阀。
[P]——确认卸剂方打开氮气充压阀充压开始卸剂。
[P]——检查 V-9309 液位是否上涨。
[P]——确认卸剂完毕关 V-9309 进料线阀。
[P]——确认卸剂方关闭充压氮气阀。
[P]——关闭充压氮气根部阀。
[P]——发现泄漏要及时关闭充氮阀。
[P]——发现泄漏要戴防毒面具。
[P]——关闭卸料阀和进料阀。
[P]——接新鲜水对泄漏硫剂进行掩护。

稳定状态 FS 硫剂卸剂完毕

（六）缓蚀剂注入操作

[P]——每日 8:00～8:30 由白班外操人员配缓蚀剂。

[P]——在缓蚀剂槽内倒入 6 桶缓蚀剂(每桶 25kg)。
[P]——打开脱盐水注入阀门。
[P]——加入脱盐水至指定刻度 (玻璃板的上沿)。
[P]——关闭注脱盐水阀门。
(P)——确认注入速度控制在 2.9cm/h（玻璃板指示）。
(P)——确认 P-9301A/B 运转泵出口压力正常。
(P)——确认泵润滑油油位、油质正常。
(P)——确认泵和电机的运转情况正常。
(P)——确认 V-9301 缓剂槽的玻璃板液位计无泄漏。
(P)——确认所有管线连接部位无泄漏。
[P]——到控制室及时完整填写《加氢精制装置配缓蚀剂记录表》。
[P]——冬季投用加热盘管。

注意
换新牌号缓蚀剂时，第一次注入量为正常注入量的 2 倍；加剂前清空罐内存液，注入脱盐水清洗罐体，不少于 3 次；以后注入量每罐为 150kg 缓蚀剂

（七）燃料气脱液操作

[P] ——检查 V-9307 燃料气带液情况。
[P] ——发现燃料气带液时通知班长。
(M) ——确认 V-9307 燃料气罐带液。
(M) ——确认 V-9307 燃料气放火炬线畅通。
[P] ——确认 V-9307 燃料气放火炬阀有一定开度。
[P] ——开 V-9307 液体放空线阀或导淋阀排液。
⟨P⟩ ——站在上风向进行操作，防止硫化氢中毒。
(P) ——确认 V-9307 无带液。
(M) ——确认 V-9307 燃料气罐无带液。

（八）油雾系统开停机与切换操作

1. 油雾系统开机操作

A 级 操作纲要

初始状态 S_0
油雾系统空气状态－隔离—机、电、仪及辅助系统准备就绪

（1）开泵准备

稳定状态 S_1
油雾系统具备装油条件

（2）灌泵

稳定状态 S_2 油雾系统具备开条件

（3）启泵

稳定状态 S_3 油雾系统运行

（4）自启动试验

稳定状态 S_4 油雾系统 A/B 台自启动试验合格

（5）启动后的检查和调整

① 仪表风系统的检查。

② 油管路检查。

③ 油雾系统各分支检查和调整。

最终状态 FS 泵正常运行

B 级 开机操作

初始状态 S_0 油雾系统空气状态－隔离—机、电、仪及辅助系统准备就绪

适用范围：油雾系统

初始状态：

(P)——确认仪表风压力正常。

(P)——确认仪表风线连接好。

(P)——确认电磁阀安装到位。

(P)——确认机泵油雾管线正常。

(P)——确认仪表投用。

（1）准备

(P)——确认凝缩嘴安装正确。

(P)——确认油雾发生头和油雾混合器正常。

(P)——确认油箱干净。

(P)——确认现场压力表投用。

(P)——确认生雾、喷射调节器好用。

稳定状态 S_1 油雾系统具备装油条件

状态确认：压力表投用正常。

（2）装油

[P]——向主油箱内装入 46 号汽轮机油。

[P]——打开仪表风总阀。

[P]——打开仪表风 A 路阀。

[P]——打开仪表风 B 路阀。

[P]——关闭仪表风 A 路电磁阀副线阀。

[P]——关闭仪表风 B 路电磁阀副线阀。

[P]——设定生雾压力 0.2～0.4MPa。

[P]——设定喷射压力 0.3～0.4MPa。

提示卡 确认好润滑油为 46 号汽轮机油进行加注

稳定状态 S_2 油雾系统具备开条件

状态确认：油箱加油。

（3）启动

[P]——打开断路器开关，DCS 自动投入运行（默认 A 系统工作）。

[P]——仪表风温度上限设定 50℃、下限设定 20℃。

[P]——检查油雾发生器油箱液位正常。

[P]——检查油雾发生器视窗内出油管是否有油连续或间断流出。

(P)——确认凝缩嘴的出雾情况正常。

稳定状态 S_3 油雾系统运行

状态确认：生雾压力、喷射压力正常。

（4）自启动试验

(P)——确认 A 路油雾发生器油箱液位正常。

(P)——确认油雾系统运行正常。

[P]——将 B 路油雾发生器油箱液位降低。

(P)——确认气泵启动向 B 油箱加油。

稳定状态 S_4
油雾系统自启动试验合格

状态确认：气泵自启与低液位信号相符。

（5）启动后的检查和调整

① 仪表风

(P)——确认仪表风过滤器正常。

(P)——确认仪表风压力正常。

(P)——确认仪表风无泄漏。

(P)——确认仪表风电磁阀副线阀关闭。

② 油管路检查

(P)——确认油箱液位、温度正常。

(P)——确认油雾喷射头喷油正常。

(P)——确认每 3min 喷射一次。

(P)——确认油雾混合器喷雾正常。

(P)——确认油管路无泄漏。

③ 工艺系统

(P)——确认各机泵油雾分配器视窗油雾流动正常。

(P)——确认油箱顶部排气孔有油雾排除。

最终状态 FS
油雾系统正常运行

状态确认：生成油雾正常。

最终状态确定：

(P)——确认仪表风压力、温度正常。

(P)——确认电磁阀带电。

(P)——确认生雾压力正常。

(P)——确认喷射压力正常。

(P)——确认油系统无泄漏。

(P)——确认油箱液位正常。

(P)——确认蓝灯闪。

2. 油雾系统停机操作

A 级 操作纲要

初始状态 S_0
油雾系统正常运行

（1）停油雾系统

稳定状态 S_1 油雾系统备用

（2）油雾系统隔离、排空

最终状态 FS 油雾系统交付检修

B级　停机操作

初始状态 S_0 油雾系统正常运行

适用范围：油雾系统。

初始状态：

(P)——确认全部用油雾润滑机泵停。

(P)——确认油雾系统生雾正常。

(P)——确认油雾系统无泄漏。

(P)——确认仪表风压力正常。

（1）停电

[P]——关闭电源开关

(P)——确认油箱液位正常

(P)——确认生雾压力设定正确

(P)——确认喷射压力设定正确

(P)——确认仪表风手阀开

稳定状态 S_1 油雾系统备用

状态确认：油雾系统停止运转，备用时，保持润滑油液位正常。

（2）油雾系统隔离、排空

[P]——关闭仪表风阀门。

[P]——打开各润滑点阀门排油。

[P]——关闭各润滑点阀门。

[P]——打开油箱排油阀。

(P)——确认油箱、管路排油干净。

(P)——确认仪表风阀关闭。

(P)——确认油雾系统隔离。

最终状态 FS
油雾系统交付检修

状态确认：油雾系统排放干净，油雾系统与其他系统隔离。
按照作业票安全规定交付检修。
最终状态确认：
(P)——确认油雾系统与其他系统隔离。
(P)——确认油箱、管路排油干净。
(P)——确认电源开关关闭。
3. 油雾系统切换操作

A 级　操作纲要

初始状态 S_0
在用系统运行状态，备用系统准备就绪，具备启用条件

（1）切换操作

稳定状态 S_1
油雾系统切换完毕

（2）切换后的调整和确认
① 运转系统。
② 停用系统。

最终状态 FS
备用系统启运后正常运行，原在用系统停用

B 级　切换操作

初始状态 S_0
在用泵系统运行状态，备用系统准备就绪，具备启用条件

初始状态确认：
运转系统
(P)——确认生雾压力正常。
(P)——确认喷射压力正常。
(P)——确认油系统无泄漏。
(P)——确认油箱液位正常。
备用系统
(P)——确认油箱液位正常。
(P)——确认生雾压力设定正确。

(P)——确认喷射压力设定正确。

(P)——确认仪表风手阀开。

（1）切换操作

[P]——在油雾润滑触摸屏上进行切换。

提示卡
出现下列情况停止切换：异常泄漏、生雾喷射头无油喷出

(P)——确认后启动系统运行正常。

(P)——确认原运行系统停。

稳定状态 S_1
油雾系统切换完毕

状态确认：原备用油雾系统运转，生雾压力正常，喷射压力正常。

（2）切换后检查

① 运转系统

(P)——确认生雾压力正常。

(P)——确认喷射压力正常。

(P)——确认油系统无泄漏。

(P)——确认油箱液位正常。

② 停用系统

(P)——确认停用系统油系统无泄漏。

(P)——确认停用系统油雾喷射头无油冒出。

(P)——确认生雾压力表指示回零。

(P)——确认喷射压力表指示回零。

最终状态 FS
备用系统启运后正常运行，原在用系统停用

状态确认：原备用系统处于正常运行状态，原在用系统处于备用状态。

（九）高压玻璃板液面计操作

1. 投用

(P)——确认液面计安装完毕，可以投用。

(P)——确认液面计上针阀关闭。

(P)——确认液面计下针阀关闭。

[P]——打开液面计下一次阀，开度适中。

[P]——打开液面计上一次阀，开度适中。

[P]——缓慢打开液面计上针阀，全部打开。

[P]——缓慢打开液面计下针阀，引入介质，最后下针阀全部打开。

(P)——再次确认液面计上针阀打开。
(P)——再次确认液面计下针阀打开。
(P)——确认液面计无泄漏处。
校正液位：
(P)——确认液面计上、下一次阀打开状态。
[P]——关闭液面计上针阀。
[P]——关闭液面计下针阀。
[P]——打开液面计排液阀，排净介质。
[P]——关闭液面计排液阀。
[P]——缓慢打开液面计下针阀，引入介质，最后下针阀全部打开。
(P)——再次确认液面计上针阀关闭。
[P]——缓慢打开液面计上针阀，全部打开。
(P)——再次确认液面计下针阀打开。
(P)——确认液面缓慢上升。
(P)——确认液面稳定。
[P]——与室内指示进行比较。
2. 切除维修
(P)——确认液面计投用。
[P]——关闭液面计下一次阀。
[P]——关闭液面计上一次阀。
[P]——打开液面计排液阀，排净介质。
[P]——关闭液面计排液阀。
[P]——关闭液面计上针阀。
[P]——关闭液面计下针阀。
[P]——缓慢打开液面计上针阀，最后上针阀全部打开。
[P]——缓慢打开液面计下针阀，最后下针阀全部打开。
[P]——打开液面计排液阀，排净介质。

（十）热工系统的投用与切除操作

冬季时，温度为180～280℃、压力为1.0 MPa的低压蒸汽自管网，分两路进入蒸汽加热器E-9401A/B壳程，与加氢裂化和加氢精制装置来的高温热水进行换热，壳程出来的蒸汽凝结水在温控阀TV-4001的控制下送入系统管网；从加氢裂化和加氢精制两装置换热器来的高温热水进入本系统，经过卧式直通除污器FI-9401除污后进入蒸汽加热器E-9401A/B管程，与低压蒸汽进行换热，温度95℃的高温热水从管程出来后，一部分去两装置的水伴热系统对工艺管线伴热，另一部分去系统管网（如果热水温度达到要求，可以从换热器跨线去装置水伴热系统）。从卧式直通除污器FI-9401出来的另一路热水在流控阀FV-4005控制下去循环水-热水换热器E-9402A/B换热。

从裂化和精制两装置伴热系统及全厂系统管网来的75℃低温热水，经过卧式直通除污器FI-9402除污后，与FI-9401来的高温热水汇合，然后分两路：一路在温控阀TV-4002A

控制下去热水循环泵入口；一路在温控阀 TV-4002B 控制下去循环水-热水换热器 E-9402A/B 管程，循环冷水自总管来，进入循环水-热水换热器 E-9402A/B 壳程，与低温热水换热后去循环热水总管；从 E-9402A/B 管程出来的低温热水去热水循环泵 P-9401A/B/C/D 入口，经泵升压后,一路去加氢裂化和加氢精制装置换热器取热，一路去除污器 FI-9401 入口。当泵入口压力不足时，从加氢裂化装置来的除氧水在压控阀 PV-4002 控制下进入 P-9401A/B/C/D 入口补水，以保证泵入口压力。

工艺原则流程简图如图 3-34 所示：

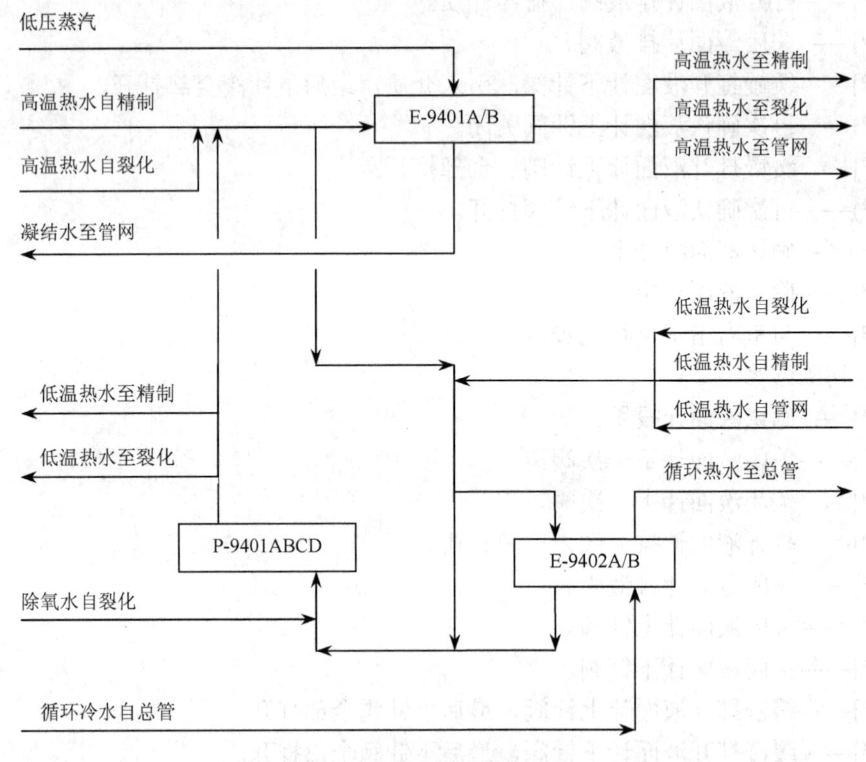

图 3-34 工艺原则流程简图

1. 热工系统的投用

热工系统投用纲要(A 级)

初始状态 S_0 施工验收完毕，交付投用，进行投用前的准备工作

（1）设备管线吹扫及公用工程引入装置

① 低压蒸汽系统管线的吹扫。

② 除氧水系统的吹扫。

③ 循环水系统冲洗与引入。

④ 低温热利用系统的冲洗与引入。

（2） 投用前条件确认

稳定状态 S_1 系统投用前准备工作完成，公用工程引入装置，具备开工条件

（3）低压系统氮气气密

① 除氧水系统气密。

② 低压蒸汽系统气密。

稳定状态 S_2 低压系统氮气气密完毕

（4）引除氧水进热工系统

① 引除氧水准备工作。

② 热工系统加氢精制循环。

③ 热工系统加氢精制、加氢裂化循环。

最终状态 FS 系统投用完毕，进入正常生产状态

热工系统开工操作(B 级)

初始状态 S_0 施工验收完毕，交付开工，进行开工前的准备工作

（1）初始状态确认

(P)——确认装置所属设备按设计要求安装完毕。

(P)——确认装置所属管线按设计要求安装完毕。

(P)——确认拆除调节阀更换短节。

(P)——确认拆除流量孔板。

(P)——确认拆除流量计更换短节。

(P)——确认拆除过滤器更换短节。

(P)——确认拆除安全阀。

(P)——确认拆除滤网更换短节。

(P)——确认拆除疏水器更换短节。

(P)——确认管线标识正确。

(P)——确认设备标识正确。

(P)——确认所需的工具齐全。

(P)——确认所需的耐压胶管齐全好用。

(P)——确认所需的垫片齐全好用。

(P)——确认所需的盲板齐全好用。

(P)——确认所需的记录表格准备完毕。

(P)——确认装置具备扫线条件。

（2）热工系统吹扫

① 低压蒸汽系统管线的吹扫

[P]——将非净化压缩空气引入低压蒸汽系统。

[M]——联系施工保运人员将热工系统蒸汽加热器 E-9401A/B 壳程入口阀解口。

[M]——联系施工保运人员将热工系统蒸汽流量孔板 FE-4001 拆除接临时短接。

[P]——热工系统蒸汽加热器 E-9401A/B 壳程入口阀解口排放。

[M]——联系施工保运人员将热工系统蒸汽流量孔板 FE-4001 复位。

[M]——联系施工保运人员将热工系统蒸汽加热器 E-9401A/B 出口蒸汽疏水器拆下解口。

[P]——热工系统蒸汽加热器 E-9401A/B 出口蒸汽疏水器拆下解口排放。

(P)——确认各解口处排气干净。

[M]——联系施工保运人员将热工系统凝结水控制阀 TV-4001 拆下解口。

[P]——经 E-9401A/B 出口蒸汽疏水器副线在热工系统凝结水控制阀 TV-4001 拆下解口排放。

(P)——确认各解口处排气干净。

[M]——联系施工保运人员将 E-9401A/B 出口蒸汽疏水器及凝结水控制阀 TV-4001 复位。

[P]——经凝结水控制阀 TV-4001 在凝结水至系统管网处解口排放。

(P)——确认各解口处排气干净。

(P)——确认各解口部位重新复位并紧固合格。

[P]——恢复低压蒸汽流程。

> 提示卡
>
> 视现场低压蒸汽管网主干管末端安装的具体位置以及末端支线的接点而定，实现末端进风另一端开口排放的方法，确保低压蒸汽主干管吹扫干净。主干管吹扫干净后，开口法兰复位，界区阀前法兰盲板处解口排放，相应关闭支线阀门，防止低压蒸汽管线非净化压缩空气串气

② 除氧水系统的吹扫

[M]——联系施工保运人员拆 FT-4004 孔板流量计。

[P]——联系施工保运人员拆 PV-4002 调节阀解口排放及其副线阀解口排放。

(P)——确认各解口处排气干净。

[M]——联系施工保运人员将 PV-4002 压控阀及其副线阀复位。

③ 循环水系统冲洗与引入

[P]——打通循环水进装置→E-9402A→循环水出装置流程。

[P]——打通循环水进装置→E-9402B→循环水出装置流程。

(P)——确认流程打通。

[P]——打开循环水进装置截止阀。

[P]——打开循环水出装置截止阀。

[P]——引循环水进入装置循环。

[P]——在装置循环水线上各低点排放。

(P)——确认干净后关闭。

(P)——确认循环水管线无泄漏。

④ 系统的冲洗与引入

[M]——联系施工保运人员自加氢精制来高温热水流量计 FT-4002 拆下接短接。

[M]——联系施工保运人员自加氢裂化来高温热水流量计 FT-4003 拆下接短接。

[M]——联系施工保运人员将高温热水出装置流量计 FT-4005 拆下并接短接。

[M]——联系施工保运人员将高温热水小循环控制阀 FV-4005 拆下。

[M]——联系施工保运人员将热水-循环水换热器 E-9402A/B 跨线温控阀 TV-4002A/B 拆下。

[M]——联系施工保运人员将高温热水卧式直通排污器 0215-FI-9401 拆下。

[M]——联系施工保运人员将低温热水卧式直通排污器 0215-FI-9402 拆下。

[P]——打通热水给水进装置→E-9204 跨线(干净后投用正线)→热水回水出装置流程。

[P]——打通热水给水进装置→E-9203A/B 跨线(干净后投用正线)→热水回水出装置流程。

[P]——关闭 E-9204 进出口截止阀。

[P]——打开 E-9204 跨线阀。

[P]——关闭 E-9203A/B 进出口截止阀。

[P]——打开 E-9203A/B 跨线阀。

[P]——打开低温热水进装置截止阀。

[P]——打开高温热水出装置截止阀。

[P]——低温热水卧式直通排污器 0215-FI-9402 拆下解口处排放。

(P)——确认冲洗干净后关闭卧式直通排污器 0215-FI-9402 前后截止阀。

[M]——联系施工保运人员将卧式直通排污器 0215-FI-9402 复位。

[P]——经卧式直通排污器 0215-FI-9402 副线在 FV4005 拆下解口处排放。

[P]——经卧式直通排污器 0215-FI-9402 副线在 TV4002A/B 拆下解口处排放。

(P)——确认冲洗干净。

[M]——联系施工保运人员将 FV4005 及 TV-4002A/B 拆下处接短接并将 E-9402A/B 入口阀前法兰解口。

[P]——E-9402A/B 入口阀前法兰解口排放冲洗。

(P)——确认冲洗干净。

[M]——联系施工保运人员将解口部位复位。

[M]——联系施工保运人员将热水循环泵 P-9401A/B/C/D 入口解口以及将 PV-4002

拆下。

[P]——经 TV-4002A 副线分别将热水循环泵 P-9401A/B/C/D 入口解口排放冲洗。

[P]——经 TV-4002A 副线在 PV-4002 拆下处解口排放。

(P)——确认冲洗干净。

[M]——联系施工保运人员将解口部位复位。

[M]——联系加氢裂化装置将各热水换热器走副线同时进行水冲洗。

(M)——确认加氢裂化装置水冲洗干净后回水在本装置热工系统流量计 FT-4003 拆下处解口冲洗干净。

[P]——启动 P-9401 走 E-9203A/B 和 E-9204 跨线后在热工系统高温热水流量计 FT-4002 拆下处解口排放冲洗。

(P)——确认冲洗干净。

[M]——联系施工保运人员将 FT-4002、FT-4003 拆下处接短接。

[P]——高温热水卧式直通排污器 0215-FI-9401 拆下处解口排放。

(P)——确认冲洗干净。

[M]——联系施工保运人员将高温热水卧式直通排污器 0215-FI-9401 复位。

[M]——联系施工保运人员将热工系统蒸汽加热器 E-9401A/B 管程高温热水入口阀前法兰解口。

[P]——E-9401A/B 管程高温热水入口阀前法兰解口排放。

(P)——确认冲洗干净。

[M]——联系施工保运人员将 E-9401AB 管程高温热水入口阀前法兰解口复位。

[P]——经 E-9401AB 跨线在高温热水出装置流量计 FT-4005 拆下处解口排放。

(P)——确认冲洗干净。

[M]——联系施工保运人员将高温热水出装置流量计 FT-4005 拆下处接短接并将高温热水出装置界区阀解口。

[P]——高温热水出装置热工系统界区阀前解口排放。

[M]——联系施工保运人员将高温热水出本装置界区阀前解口处复位。

[P]——打开高温热水小循环根部阀在热工系统小循环控制阀 FV-4005 拆下处解口排放。

(P)——确认冲洗干净。

[M]——联系施工保运人员热工系统小循环控制阀 FV-4005 复位。

[P]——经 FV4005 副线在 TV4002A/B 拆下处解口排放。

(P)——确认冲洗干净。

[M]——联系施工保运人员将 TV-4002A/B 复位。

[M]——联系施工保运人员将 FE-4001、FT-4002、FT-4003、FE-4004、FT-4005 复位。

(P)——低温热利用系统无泄漏。

(M)——确认本装置热工系统冲洗完成且冲洗干净复位部位已完成。

[P]——恢复低温热回收系统正常生产工艺流程。

⑤ 装置开车前应具备的条件

(M)——确认装置开工前验收完毕。

(M)——确认装置的转机已经全部试车合格且单机已试运完毕。

(M)——确认装置内的设备和管道系统的内部处理及耐压试验、严密性试验已经全部合格。

(M)——确认装置的电气系统处于可用状态。

(M)——确认仪表装置的检测系统全部符合设计要求且全部处于可用状态。

(M)——确认仪表自动控制系统全部符合设计要求且全部处于可用状态。

(M)——确认仪表联锁及报警系统全部符合设计要求且全部处于可用状态。

(M)——确认装置的操作规程和试车方案已经由厂专业部门批准。

(M)——确认装置各岗位的操作人员已经通过考试、考核合格获得上岗资格。

(M)——确认装置开车所需要的各项公用工程已安全引入装置界区内。

(M)——确认装置开车所需要的各项公用工程各项工艺指标、流量保证满足要求。

(M)——确认循环水系统已稳定运行。

(M)——确认开车方案中规定的工艺指标、报警值、联锁值已经确定下达。

(M)——确认各种事故处理方案已经确定。

(M)——确认装置现场有碍安全的机器、设备、场地、走道外的杂物已全部清理干净。

(M)——确认装置的各项安全消防设施已经按公司、厂要求准备齐全并已经过检查、试验好用。

(M)——确认装置开车前划定合理的开车区域并设立警示牌。

(M)——确认无关人员不得进入开车区域。

(M)——确认开车人员已经就位（包括专利商外工、供货商、施工单位、保运人员及现场操作人员）。

(M)——确认设备位号、管道介质名称及流向标志完毕。

(M)——确认装置所有通信和调度系统畅通。

(M)——确认装置照明齐全完好。

(M)——确认装置压力表、温度计齐全完好。

(M)——确认开车方案、操作规程、工艺卡片、生产台账及记录本已印发到生产开车人员。

(M)——确认用于开车的物料已经备好（数量、质量符合要求）。

(M)——确认进入冬季开车时所有走水管线给好伴热。

(M)——确认岗位尘毒、噪声监测点已确定。

稳定状态 S_1
装置开工前准备工作完成，公用工程引入装置，具备开工条件

名　称	单　位	参 数 范 围	名　称	单　位	参 数 范 围
除氧水	MPa	>0.3	循环水	MPa	≥0.45
低压蒸汽	MPa	≥0.8	脱盐水	MPa	>0.3
仪表风	MPa	≥0.5	公用风	MPa	≥0.5

⑥ 低压系统氮气气密　准备工作和注意事项：

(M)——确认有完善的气密方案和气密流程。

(M)——确认准备详细的盲板图并有专人负责。

(M)——确认用阀门或盲板隔离系统。

(M)——确认安装好压力表且高温部分安装耐高温压力表。

(M)——确认准备好气密用具：吸耳球、气密桶、肥皂水、刷子、喷壶等。

(M)——确认试压前安全阀投用。

(M)——确认冷换设备一程试压、另一程必须打开放空，以免憋漏管束胀口或头盖法兰。

(M)——确认人员按分工进入指定区域。

(M)——确认不漏一个气密点。

(M)——确认做好记录。

(M)——确认试压过程如遇泄漏不得带压处理。

⑦ 除氧水系统的气密

a. 系统隔离

[P]——关闭除氧水进装置界区阀并拆下盲板。

[P]——关闭 PV-4002 调节阀。

[P]——关闭所有设备、管线上的排空阀、排凝阀、扫线阀、采样口、液面计排液阀等。

b. 气密方法

[P]——通过 PV-4002 调节阀前导淋向除氧水系统补充氮气气密。

[I]——控制除氧水系统压力 0.3MPa。

(P)——确认系统压力 0.3MPa 检漏。

[P]——检查各气密点。

[P]——发现漏点及时紧固。

(P)——确认无漏点。

[P]——系统泄压至微正压 0.05MPa。

[M]——翻通除氧水进装置界区盲板。

[P]——恢复装置正常生产流程。

c. 气密流程

N_2→PV-4002→除氧水进界区内法兰口→FT-4004→PV-4002 副线→SV-9401 安全阀

⑧ 低压蒸汽系统气密（以 LS 进装置界区压力指示）　低压蒸汽系统试验压力 1.0MPa；介质 LS。

a. 系统隔离

[P]——关闭 0.8MPa 蒸汽进出装置闸阀。

[P]——关闭汽轮机出口蒸汽线 250-LS-11402 闸阀。

[P]——关闭 T-9201 底汽提蒸汽线 150-LS-20102 入塔前闸阀。

[P]——关闭低压蒸汽分水器 V-9302 底凝结水线闸阀。

b. 气密方法

[P]——利用部分用气点排凝阀排凝，打开 1.0MPa 蒸汽进装置界区阀及盲板投用 LS 界区温度压力及流量表，将低压蒸汽引入低温热利用系统。

[I]——低压蒸汽系统气密压力 1.0MPa，气密介质为低压蒸汽。

(P)——确认蒸汽系统气密压力 1.0MPa 检漏。

[P]——检查各气密点。

[P]——发现漏点及时紧固。

(P)——确认无漏点。

[P]——恢复装置正常生产流程。

c. 气密流程　以 1.0MPa 蒸汽主干管为中心，对 E-9401A/B 法兰进行检查，发现漏点及时紧固。

⑨ 引除氧水进热工系统

[M]——联系调度准备引除氧水进热工系统。

[P]——调校 PV-4002、TV-4001、FV-4005、TV-4002A、TV-4002 灵活好用。

[P]——投用循环冷却水系统。

[P]——投用 P-9401 冷却水系统。

[P]——投用系统流程。

⑩ 热工系统加氢精制循环

[P]——投用自加氢精制来高温热水流量计 FT-4002。

[P]——投用高温热水出装置流量计 FT-4005。

[P]——投用高温热水小循环控制阀 FV-4005。

[P]——投用热水-循环水换热器 E-9402A/B 跨线温控阀 TV-4002A/B。

[P]——投用高温热水卧式直通排污器 0215-FI-9401。

[P]——投用低温热水卧式直通排污器 0215-FI-9402。

[P]——投用 E-9402A/B。

[P]——打通热水给水进装置→E-9204 跨线(干净后投用正线)→热水回水出装置流程。

[P]——打通热水给水进装置→E-9203A/B 跨线(干净后投用正线)→热水回水出装置流程。

[P]——关闭 E-9204 进出口截止阀。

[P]——打开 E-9204 跨线阀。

[P]——关闭 E-9203A/B 进出口截止阀。

[P]——打开 E-9203A/B 跨线阀。

(M)——确认除氧水干净后，投用 E-9203A/B 和 E-9204A/B。
[P]——打开低温热水进装置截止阀。
[P]——打开高温热水出装置截止阀。
[P]——确认流程已经打通，并且系统已经灌满除氧水，高点排气。
[P]——启动热水循环泵 P-9401A/B/C/D 并建立循环。
(M)——确认已经建立循环，并且无跑、冒、滴、漏现象。
[P]——冬季投用伴热系统。
[P]——打开伴热热水进装置界区闸阀。
(M)——确认已经打开。
[P]——打开伴热热水出装置界区闸阀。
(M)——确认已经打开。
(P)——低温热利用系统无泄漏。
(M)——确认本装置热工系统工艺流程正确。
⑪ 低温热利用系统加氢精制、加氢裂化循环。
[M]——联系加氢裂化装置准备送低温热水。
[P]——打开低温热水去加氢裂化装置界区闸阀。
(M)——确认已经打开。
[P]——打开高温热水自加氢裂化装置界区闸阀。
(M)——确认已经打开。
(M)——确认低温热利用系统加氢精制、加氢裂化循环正常。

最终状态 FS 低温热利用开工完毕，进入正常生产状态

名　称	单　位	参数范围	名　称	单　位	参数范围
热水供水温度	℃	95	热水回水温度	℃	75
热水供水压力	MPa	0.9	热水回水压力	MPa	0.3

⑫ 安全措施
a. 系统要高点放空，防止注入除氧水时憋压。
b. 有高温热水时，防止操作人员烫伤，确保人身安全。
c. 冬季要重点巡检盲肠、死角，防止冻凝。
2. 热工系统的切除

热工系统切除纲要(A 级)

初始状态 S_0 低温热利用系统正常运行

① 装置正常停工是指计划性停工或发生故障有充分处理时间的停工。热工系统需

要停工时，停工操作必须按规程进行，按项目落实，设有专人负责检查。

② 系统降温循环。

③ 系统停热水循环泵。

最终状态 FS 低温热利用系统停工完毕

热工系统切除操作(B 级)

（1）准备工作

(M)——确认已经联系调度，准备停低温热利用系统。

(M)——确认准备好停工检修所需的临时盲板。

(M)——确认已经联系调度准备停工所需的各种备品、材料、工具。

(M)——确认已经组织相关的岗位人员熟悉停工的步骤和流程。

(M)——确认成立停工指挥小组、统一协调、指挥部署。

初始状态 S_0 低温热利用系统正常运行

状态确认：装置运行正常。

（2）系统降温循环

[I]——以 10～15℃/h 降循环水温度。

[I]——逐渐关小 TV-4001 调节阀。

[M]——将低压蒸汽切除系统。

(I)——确认 TIC-4001 降温到 40～50℃。

[P]——关闭伴热热水进装置界区闸阀。

[P]——关闭伴热热水出装置界区闸阀。

[P]——切除 E-9203、E-9204。

[P]——放净 E-9203、E-9204 内的存水。

（3）停 P-9401

(I)——确认低温热利用系统温度降到 40～50℃。

[P]——停 P-9401 运转。

[P]——关闭 P-9401 出口阀。

[P]——关闭 P-9401 入口阀。

提示卡 冬季一定要排干净盲肠、死角的存水，防冻防凝

（十一）气量无级调节系统操作

1. 单独起机步骤

通过 DCS 内的编程组态，可以实现 C-9102A 机的手动起机过程。一般情况下，只有当起机过程结束，压缩机运行平稳后，才可转换到 HydroCOM 自动控制状态。

[P]——起机前，手动启动现场液压油站，待油压稳定。

> 提示卡
>
> 建议在压缩机起机前半小时左右启动液压油泵（尤其在冬季）。
>
> 所需油压为 80±10bar，可通过现场油站上的调压螺杆调整油压

2. 起机前提条件

(M)——液压油泵启动 (至现场检查 HydroCOM 液压油站进出口球阀，确保其都处于开启状态)。

(I)——观察 DCS 画面内的联锁逻辑图（见附图），确保没有任何出错信息。

[P]——将“PY-1022A”和“PY-1015A”设为手动控制模式，设定值为 0。

3. 启动压缩机

[P]——启动 C-102A 压缩机电机。

> 提示卡
>
> 此时 HydroCOM 系统尚未投用（尚未被激活“enable”），所有进气阀被 HydroCOM 液压执行机构和卸荷器强制保持在开启状态，所以压缩机电机是在完全空载状态下启动

[P]——等待压缩机达到正常转速，确认“压缩机运行状态”为运行，显示绿色。

> 提示卡
>
> 一般认为压缩机电机起动 20s 后，到达额定转速。压缩机不能长时间在 0%负荷状态下运行，否则压缩机的进气温度可能超高

[P]——在“PY-1022A”内手动输入压缩机一级负荷>0，此时 HydroCOM 系统自动投用，同时手动在“PY-1015A”内输入压缩机二级负荷值与 PY-1022A 保持一致。

> 提示卡
>
> 正常情况下此时旁通阀 PV-1022A 和 PV-1015A 都处于自动模式下

[P]——逐渐升高 PY-1022A 和 PY-1015A 的负荷值，直至分别接近低选分程后的输出值。

[P]——将 PY-1022A 和 PY-1015A 设为自动模式。自此，C-102A 压缩机带 HydroCOM 系统进入正常平稳的运行状态。

4. 换车步骤(A 机切出 B 机切入)

[P]——将 PY-1022A 和 PY-1015A 设为手动模式。

[P]——待系统平稳后，通知现场操作人员增加 B 机负荷，同时手动降低 PY-1022A 和 PY-1015A 的值至零负荷。

[P]——系统稳定后，停 A 机主电机。

[P]——停液压油站。

5. 换车步骤(B 机切出 A 机切入)

[P]——按 A 机开机步骤零负荷开机，直至步骤 6。

[P]——逐渐降低 B 机的负荷至零；相应手动增加 A 机的负荷值以保持系统平稳。

> 提示卡
>
> 每次调整负荷后，必须等待一段时间，待 C-102A/B 机运行平稳后再做下一步调整

[P]——停 B 机主电机。

[P]——调整 PY-1022A 和 PY-1015A 的负荷值，直至分别接近低选分程后的输出值。

[P]——将 PY-1022A 和 PY-1015A 设为自动模式。

6. A 机停机步骤

通过 DCS 内的编程组态，可以实现 C-102A 机的手动停机过程。将压缩机首先切换到手动操作模式，然后手动逐渐降低压缩机的负荷到 0%，此时可停压缩机主电机。

[P]——将 PY-1022A 和 PY-1015A 切换到手动控制模式。

[P]——待压缩机运行平稳后，手动将压缩机负荷逐渐降低到 0%。

> 提示卡
>
> 压缩机不能长时间在 25%负荷以下运行，否则压缩机的进气温度可能超高

[P]——停压缩机主电机。

[P]——停液压油站。

> 提示卡
>
> 如需进行检修工作，必须在压缩机主电机停后，手动停油站，而后方可进行检修工作

7. HydroCOM 系统切除方法

在某些情况下（如：HydroCOM 系统液压油管泄漏等），可能需要在压缩机运行状态下切除 HydroCOM 系统。这可按下述步骤轻松实现：

[P]——将 PY-1022A 和 PY-1015A 切换到手动控制模式。

[P]——手动逐渐增加 HydroCOM 负荷到 100%。

[P]——停 HydroCOM 液压油站电机。

[P]——HydroCOM 系统被正常切除。

> 提示卡
>
> 如需紧急切除 HydroCOM 系统，可直接停液压油站。这样，HydroCOM 系统将收到出错信号而被自动切除，但这种方式可能引起压缩机负载的较大波动

8. 故障恢复后 HydroCOM 投用方法(A 机不停机)

[P]——HydroCOM 系统出现故障，该系统被自动切除，压缩机在原控制系统控制下运行。此时，要将 HydroCOM 系统投入使用，必须检查确保 PY-1022A 和 PY-1015A 处于手动控制模式，初始负荷值是 100%。

[P]——当 HydroCOM 故障解除后，至现场启动液压油站，HydroCOM 系统重新投用。

[P]——调整 PY-1022A 和 PY-1015A 的负荷值，直至分别接近低选分程后的输出值，将其设为自动模式。

在 DCS 画面里，绿色表示正常/运行，红色表示出错/联锁或是未运行。图 3-35 为 HydroCOM 启用/联锁逻辑。

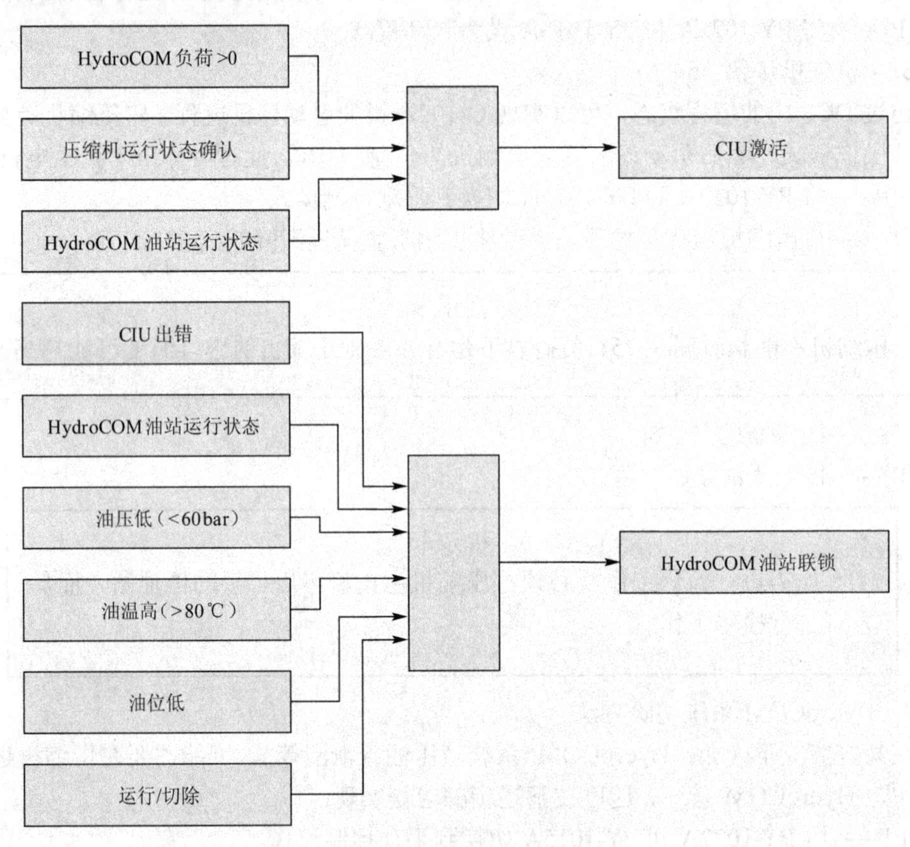

图 3-35 HydroCOM 启用/联锁逻辑
1bar=10^5Pa，下同

起机之前，“运行/切除”按钮应设为“运行”状态，为绿色。

起机之前，“CIU 出错”、“油压低”、“油温高”和“油位低”的状态应为绿色。

“HydroCOM 负荷>0”当 PY-1022A 的值>0 后状态为 1，绿色。

“压缩机运行状态确认”当压缩机主电机启动正常后，人工手动确认，设为 1，绿色。

图 3-36 为 0215-C-102A 气量控制图。

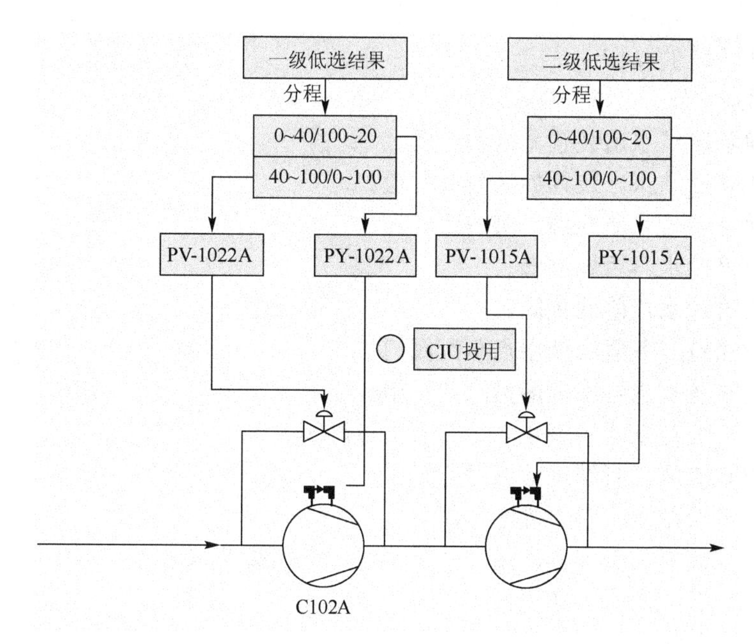

图 3-36 0215-C-102A 气量控制图

（十二）凝结水系统的操作

1. 本装置凝结水的来源

① 蒸汽软管站疏水器。

② 蒸汽总管末端疏水器。

③ V-9302（低压蒸汽分水器）下部疏水器。

④ 新氢机水站蒸汽加热盘管疏水器。

⑤ 热工系统 E-9401A/B 产生的凝结水。

2. 凝结水去向

装置内疏水器产生的热凝结水和热工系统产生的热凝结水在装置外汇合到热凝结水总管去 100 万吨/年加氢裂化装置。

3. 凝结水流程图

流程如图 3-37 所示：

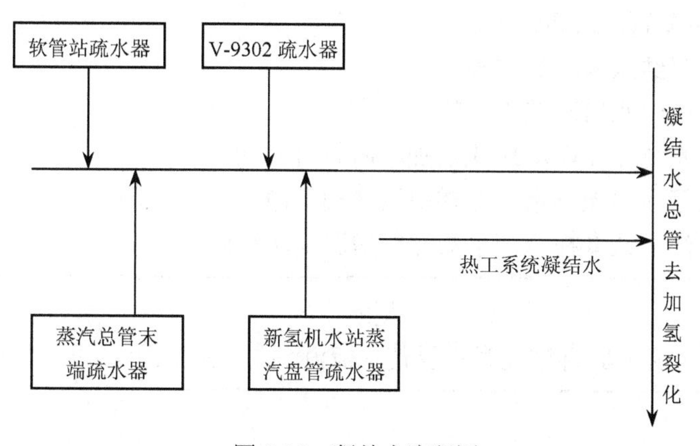

图 3-37 凝结水流程图

4. 凝结水系统的操作

（1）投用疏水器

[P]——确认凝结水出装置界区阀关闭。

(P)——确认凝结水出装置界区盲板翻通。

(P)——确认各疏水器后截止阀关闭。

[P]——打开疏水器后导淋阀。

[P]——打开疏水器前截止阀。

[P]——逐个打开各蒸汽使用点蒸汽阀门。

(P)——确认各疏水器不泄漏蒸汽和不堵。

[P]——打开各疏水器后截止阀，并关闭导淋阀。

(P)——确认界区内凝结水管网运行正常。

[P]——打开凝结水出装置界区闸阀。

(P)——确认装置内疏水器产生的热凝结水并进入凝结水系统管网。

(P)——确认各疏水器工作正常。

（2）投用热工系统凝结水

(P)——确认热工系统凝结水出装置界区阀关闭。

(P)——确认热工系统凝结水出装置界区盲板翻通。

(P)——确认 TV-4001 调节阀灵活好用。

[M]——联系调度准备送热凝结水。

[P]——投用 E-9401A/B。

[P]——打开疏水器前、后截止阀。

(P)——确认出 E-9401A/B 疏水器工作正常。

[P]——投用 TV-4001 调节阀。

[P]——打开凝结水出装置界区阀。

(P)——确认凝结水并网正常。

（3）特殊情况

如果凝结水出装置压力低于界区外压力，无法并网。

[M]——通知车间、联系调度。

[P]——打开凝结水末端导淋阀。

[P]——关闭凝结水出装置界区阀。

[P]——热工系统在 TV-4001 阀后加临时管排到明沟中。

(P)——确认管线内无存水，冬季用风吹扫干净。

[P]——冬季注意认真检查疏水器运行情况，防冻防凝。

提示卡
冬季疏水器直排注意不要使水流淌到过往路面上，以免结冰

（十三）伴热系统的操作

1. 伴热系统投用操作

(P)——确认热工系统运行稳定。

(P)——确认各伴热分支管线闸阀关闭。

[P]——打开伴热进装置界区闸阀。

(P)——确认闸阀已经打开。

[P]——打开伴热出装置界区闸阀。

(P)——确认闸阀已经打开。

[P]——确认管线、阀门法兰没有泄漏。

(P)——打开各个伴热热水站给水的分支阀。

[P]——打开各个伴热回水站的分支阀。

(P)——确认分支阀已经打开。

(P)——确认各个分支阀门、法兰没有泄漏。

(P)——确认各个分支管线已经热。

> 提示卡
> 各伴热管线不允许排水，防止冻凝其他伴热管线

2. 伴热系统停用操作

(P)——确认热工系统运行稳定。

(P)——确认各伴热分支管线闸阀打开。

[P]——关闭伴热进装置界区闸阀。

(P)——确认闸阀已经关闭。

[P]——关闭伴热出装置界区闸阀。

(P)——确认闸阀已经关闭。

(P)——关闭各个伴热热水站给水的分支阀。

[P]——关闭各个伴热回水站的分支阀。

(P)——放净伴热管线内的存水。

(P)——确认伴热系统停用完毕。

七、仪表列表

序号	仪表号	说明	单位	量程	正常值	报警值	备注
1	TI-1001	混合原料油进装置	℃	0～500	103		
2	TI-1002	滤前原料油缓冲罐出口	℃	0～500	103		
3	TI-1005	加氢进料泵入口	℃	0～500	103		
4	TI-1006	加氢进料泵出口	℃	0～150	103		
5	TI-1007	反应炉入口反应进料	℃	0～500	300		
6	TI-1008	反应炉出口支路	℃	0～500	330		

续表

序号	仪表号	说　明	单位	量程	正常值	报警值	备注
7	TI-1009	反应炉出口支路	℃	0～500	330		
8	TI-1010	反应炉辐射顶对流底	℃	0～1000	310		
9	TI-1011	反应炉辐射顶对流底	℃	0～1000	310		
10	TI-1012	反应炉出口支路	℃	0～500	330		
11	TI-1013	反应炉出口支路	℃	0～500	330		
12	TI-1014	反应炉出口总管	℃	0～500	330		
13	TI-1016A	反应炉炉管	℃	0～900	310		
14	TI-1016B	反应炉炉管	℃	0～900	310		
15	TI-1017A	反应炉炉管	℃	0～900	360		
16	TI-1017B	反应炉炉管	℃	0～900	360		
17	TI-1018A	反应炉炉管	℃	0～900	370		
18	TI-1018B	反应炉炉管	℃	0～900	370		
19	TI-1019A	反应炉炉管	℃	0～900	375		
20	TI-1019B	反应炉炉管	℃	0～900	375		
21	TI-1028A	反应炉辐射室	℃	0～1000	480		
22	TI-1028B	反应炉辐射室	℃	0～1000	480		
23	TI-1030A	反应炉鼓风机入口冷空气	℃	0～600	25		
24	TI-1030B	反应炉空气预热器	℃	0～600	50		
25	TI-1030C	反应炉热空气	℃	0～600	165		
26	TI-1031A	反应炉热烟气	℃	0～600	330		
27	TI-1031B	反应炉空气预热器出口烟气	℃	0～600	210		
28	TI-1031C	反应炉冷烟气	℃	0～600	210		
29	TI-A1020	反应器进料	℃	0～600	330		
30	TI-1022A	反应器一床层上部	℃	0～600	330		
31	TI-A1022B	反应器一床层上部	℃	0～600	330		
32	TI-1022C	反应器一床层上部	℃	0～600	330		
33	TI-1023A	反应器一床层中部	℃	0～600	338		
34	TIA-1023B	反应器一床层中部	℃	0～600	338		
35	TI-1023C	反应器一床层中部	℃	0～600	338		
36	TI-1024A	反应器一床层下部	℃	0～600	346		
37	TIA-1024B	反应器一床层下部	℃	0～600	346		
38	TI-1024C	反应器一床层下部	℃	0～600	346		
39	TI-1025A	反应器二床层上部	℃	0～600	342		
40	TI-1025C	反应器二床层上部	℃	0～600	342		
41	TI-1026A	反应器二床层中部	℃	0～600	352		
42	TIA-1026B	反应器二床层中部	℃	0～600	352		
43	TI-1026C	反应器二床层中部	℃	0～600	352		
44	TI-1027A	反应器二床层下部	℃	0～600	360		
45	TIA-1027B	反应器二床层下部	℃	0～600	360		
46	TI-1027C	反应器二床层下部	℃	0～600	360		
47	TI-1040	反应器底部出口	℃	0～500	360		

续表

序号	仪表号	说　明	单位	量程	正常值	报警值	备注
48	TI-1042	反应流出物/混合进料换热器出口	℃	0～500	320		
49	TI-1043	反应流出物/混合进料换热器管程出口	℃	0～500	270		
50	TI-1044	反应流出物/混合进料换热器壳程入口	℃	0～150	102		
51	TI-1045	反应流出物/低分油换热器管程入口	℃	0～300	185		
52	TI-1047	反应流出物/低分油换热器壳程入口	℃	0～500	50		
53	TI-1048	反应流出物/低分油换热器管程出口	℃	0～200	120		
54	TI-1052	反应流出物空冷器入口	℃	0～200	132		
55	TI-1054	反应流出物空冷器出口	℃	0～100	50		
56	TI-1056	高压分离器出口循环氢	℃	0～100	50		
57	TI-1057	低压分离器出口低分气	℃	0～500	50		
58	TI-1058	低压分离器出口低分油	℃	0～500	50		
59	TI-1059	循环氢脱硫塔贫胺液	℃	0～100	55		
60	TI-1060	循环氢脱硫塔顶循环氢	℃	0～150	50		
61	TI-1061	循环氢脱硫塔入口循环氢	℃	0～100	50		
62	TI-1062	循环氢脱硫塔出口富液	℃	0～150	55		
63	TI-1063	贫胺液自装置外来	℃	0～500	55		
64	TI-1065	循环氢压缩机出口混合氢	℃	0～150	82		
65	TI-1066	循环氢压缩机入口	℃	0～150	50		
66	TI-1067	循环氢压缩机出口	℃	0～150	70		
67	TI-1068	循环氢压缩机蒸汽轮机入口	℃	0～600	380		
68	TI-2001	脱硫化氢汽提塔进料	℃	0～500	200		
69	TI-2043	脱硫化氢汽提塔中压汽提蒸汽	℃	0～600	380		
70	TI-2002	脱硫化氢汽提塔顶	℃	0～500	200		
71	TI-2003	脱硫化氢汽提塔底	℃	0～500	200		
72	TI-2005	脱硫化氢汽提塔塔顶回流罐底	℃	0～500	40		
73	TI-2011	脱硫化氢汽提塔塔顶回流罐顶	℃	0～500	40		
74	TI-2040	脱硫化氢汽提塔塔顶空冷器出口	℃	0～500	50		
75	TI-2041	脱硫化氢汽提塔塔顶后冷器出口	℃	0～500	40		
76	TI-2006	分馏塔塔顶	℃	0～500	165		
77	TI-2008	分馏塔塔底精制柴油	℃	0～500	287		
78	TI-2009	分馏塔塔底油	℃	0～500	287		
79	TI-2010	分馏塔塔顶空冷器出口	℃	0～500	50		
80	TI-2042	分馏塔塔顶后冷器出口	℃	0～500	40		
81	TI-2012	分馏塔塔顶回流液	℃	0～500	40		
82	TI-2013	分馏塔塔底重沸炉出口支路	℃	0～500	308		
83	TI-2014	分馏塔塔底重沸炉出口支路	℃	0～500	308		
84	TI-2015	分馏塔塔底重沸炉出口支路	℃	0～500	308		
85	TI-2016	分馏塔塔底重沸炉出口支路	℃	0～500	308		
86	TI-2017	分馏塔塔底重沸炉出口总管	℃	0～500	308		
87	TI-2019	分馏塔塔底重沸炉对流段	℃	0～1000	310		
88	TI-2020	分馏塔塔底重沸炉对流段	℃	0～1000	310		

续表

序号	仪表号	说　明	单位	量程	正常值	报警值	备注
89	TI-2022	分馏塔塔底重沸炉辐射段	℃	0～1000	480		
90	TI-2023	分馏塔塔底重沸炉辐射段	℃	0～1000	480		
91	TI-2027	精制柴油/分馏塔进料换热器管程出口	℃	0～500	234		
92	TI-2030	分馏塔进料	℃	0～500	245		
93	TI-2032	精制柴油/脱硫化氢汽提塔进料换热器壳程入口	℃	0～500	120		
94	TI-2035	精制柴油/低温热水换热器壳程入口	℃	0～500	149		
95	TI-2036	精制柴油空冷器入口	℃	0～500	90		
96	TI-2038	精制柴油空冷器出口	℃	0～500	50		
97	TI-2028A	分馏炉热烟气	℃	0～600	308		
98	TI-2028B	分馏炉空气预热器出口烟气	℃	0～600	205		
99	TI-2028C	分馏炉冷烟气	℃	0～600	205		
100	TI-2025A	分馏炉鼓风机入口冷空气	℃	0～600	25		
101	TI-2025B	分馏炉空气预热器	℃	0～600	50		
102	TI-2025C	分馏炉热空气	℃	0～600	165		
103	TI-3001	氮气自装置外来	℃	0～500	25		
104	TI-3003	燃料气分液罐顶	℃	0～500	25		
105	TI-3004	自装置外来中压蒸汽	℃	0～600	380		
106	TI-3005	自装置外来非净化压缩空气	℃	0～500	25		
107	TI-3007	自装置外来净化压缩空气	℃	0～500	25		
108	TI-3008	自/去装置外低压蒸汽	℃	0～500	257		
109	TI-8002A	A 机一级进气	℃	0～200	40		
110	TIA-8004A	A 机一级排气	℃	0～200	115		
111	TI-8006A	A 机二级进气	℃	0～200	40		
112	TIA-8008A	A 机二级排气	℃	0～200	115		
113	TIA-8009A	A 机一级填料箱	℃	0～200	50		
114	TIA-8010A	A 机二级填料箱	℃	0～200	50		
115	TIA-8011A	A 机主轴承	℃	0～200	50		
116	TIA-8012A	A 机主轴承	℃	0～200	50		
117	TIA-8013A	A 机电机轴承	℃	0～200	50		
118	TIA-8014A	A 机电机轴承	℃	0～200	50		
119	TI-8002B	B 机一级进气	℃	0～200	25		
120	TIA-8004B	B 机一级排气	℃	0～200	25		
121	TI-8006B	B 机二级进气	℃	0～200	25		
122	TIA-8008B	B 机二级排气	℃	0～200	25		
123	TIA-8009B	B 机一级填料箱	℃	0～200	25		
124	TIA-8010B	B 机二级填料箱	℃	0～200	25		
125	TIA-8011B	B 机主轴承	℃	0～200	25		
126	TIA-8012B	B 机主轴承	℃	0～200	25		
127	TIA-8013B	B 机电机轴承	℃	0～200	25		
128	TIA-8014B	B 机电机轴承	℃	0～200	25		

续表

序号	仪表号	说　明	单位	量程	正常值	报警值	备注
129	TI-8051	水站水箱	℃	0～200	50		
130	TI-8054	气缸软化水供水总管	℃	0～200	46		
131	PIA-1001	原料油过滤器 SR-9101 前后	kPa	0～200	50		
132	PIA-1004B	反应进料炉辐射段	Pa	0～150	60		
133	PIA-1005	反应进料炉燃料气总管	MPa	0～1	0.4		
134	PI-1010	反应进料炉对流段	Pa	0～300	60		
135	PI-1018A	反应进料炉辐射段	Pa	0～500	100		
136	PI-1018B	反应进料炉辐射段	Pa	0～500	100		
137	PI-1009A	反应进料炉热烟道	Pa	0～400	40		
138	PI-1009B	反应进料炉冷烟道	Pa	0～4000	40		
139	PI-1009C	反应进料炉冷烟道	Pa	−600～600	20		
140	PI-1012A	反应进料炉冷风道	kPa	0～4	2		
141	PI-1012B	反应进料炉热风道	kPa	0～4	1		
142	PI-1012C	反应进料炉热风道	kPa	0～4	0.5		
143	PI-1013	反应器顶底差压	kPa	0～600	50		
144	PI-1031A	循环氢压缩机入口	MPa	0～10	6		
145	FIQ-2006	脱硫化氢汽提塔回流罐顶	kg/h	0～3500	2444		
146	PI-1032	汽轮机出口	MPa	0～2.5	1		
147	PI-1034A	汽轮机入口	MPa	0～6	3.4		
148	FIQ-1015	反应炉燃料气总管	m^3/h	0～2000	400		
149	FIQ-1016	反应器顶部冲洗氢	m^3/h	0～50	0		
150	FIQ-1017	反应器中部冷氢	m^3/h	0～12000	15000		
151	FIQ-1018	反应器底部冲洗氢	m^3/h	0～50	0		
152	FIQ-1023	低分气出装置	m^3/h	0～3000	1229		
153	FIA-1027A	贫溶剂泵 A 出口	kg/h	0～35000	20000		
154	FIA-1027B	贫溶剂泵 B 出口	kg/h	0～35000	0		
155	FIQ-1050A	循环氢压缩机入口	m^3/h	0～120000	75000		
156	FIQ-1051	循环氢压缩机反喘振线	m^3/h	0～60000	0		
157	FIQ-1032	循环氢压缩机出口新氢	m^3/h	0～30000	19000		
158	FIQ-1033	循环氢压缩机出口混合氢	m^3/h	0～120000	94000		
159	PIA-2004	分馏炉主燃料气	MPa	0～1	0.4		
160	PI-2017	分馏炉雾化蒸汽	MPa	0～1.6	0.6		
161	PI-2014	分馏炉对流段	Pa	0～300	100		
162	PTA-2015B	分馏炉辐射顶对流底	Pa	0～150	60		
163	PI-2018A	分馏炉辐射段	Pa	0～500	150		
164	PI-2018B	分馏炉辐射段	Pa	0～500	150		
165	PI-2012A	分馏炉冷风道	kPa	0～4	2		
166	PI-2012B	分馏炉热风道	kPa	0～4	1		
167	PI-2012C	分馏炉热风道	kPa	0～4	0.5		
168	PI-2013A	分馏炉热烟道	Pa	0～1500	40		
169	PI-2013B	分馏炉冷烟道	Pa	0～4000	20		

续表

序号	仪表号	说　明	单位	量程	正常值	报警值	备注
170	PI-2013C	分馏炉冷烟道	Pa	-600～600	20		
171	PI-2001	脱硫化氢汽提塔塔顶气	MPa	0～1.6	0.85		
172	PI-2020	脱硫化氢汽提塔中压汽提蒸汽	MPa	0～6	3.4		
173	FIQ-2022	脱硫化氢汽提塔中压汽提蒸汽	kg/h	0～8000	0		
174	FIQ-2023	石脑油去硫磺回收	kg/h	0～3000	0		
175	FIQ-2018	分馏炉主燃料气	m^3/h	0～2500	618		
176	FIQ-2019	分馏炉主燃料油	kg/h	0～3500	1100		
177	FIQ-2020	分馏炉主燃料油	kg/h	0～2000	0		
178	FIQ-3016	中压蒸汽自装置外来	kg/h	0～30000	3700		
179	FIQ-3017	中压蒸汽自装置外来	kg/h	0～30000	2710		
180	LIA-3006	硫化剂罐	%	0～100	50		
181	FI-4001	1.0MPa 蒸汽自管网	kg/h	0～55000	0		
182	FI-4004	除氧水自加氢裂化装置	kg/h	0～25000	0		
183	PIA-8005A	A 机一级进气	MPa	0～4	2.4		
184	PIA-8008A	A 机一级排气	MPa	0～10	4.5		
185	PI-8013A	A 机二级进气	MPa	0～10	4.5		
186	PIA-8016A	A 机二级排气	MPa	0～16	7.0		
187	PdIA-8033A	A 机润滑油过滤器差压	MPa	0～1	0.05		
188	XIA-8001A	A 机活塞杆下沉	mm	0～2	0.7		
189	XIA-8002A	A 机活塞杆下沉	mm	0～2	0.7		
190	TI-8081A	A 机 HydroCOM 一级执行机构阀盖	℃	-25～125	25		
191	TI-8082A	A 机 HydroCOM 一级执行机构阀盖	℃	-25～125	25		
192	TI-8083A	A 机 HydroCOM 二级执行机构阀盖	℃	-25～125	25		
193	TI-8084A	A 机 HydroCOM 二级执行机构阀盖	℃	-25～125	25		
194	PIA-8005B	B 机一级进气	MPa	0～4	0		
195	PIA-8008B	B 机一级排气	MPa	0～10	0		
196	PI-8013B	B 机二级进气	MPa	0～10	0		
197	PIA-8016B	B 机二级排气	MPa	0～16	0		
198	PdIA-8033B	B 机润滑油过滤器差压	MPa	0～4	0		
199	XIA-8001B	B 机活塞杆下沉	mm	0～2	0		
200	XIA-8002B	B 机活塞杆下沉	mm	0～2	0		
201	PIA-8039	气缸软化水供水总管	MPa	0～1	0.4		
202	LIA-8009	水站水箱	%	0～100	50		
203	FIQ-1043	混合原料油自装置外来	kg/h	0～300000	238000		
204	FIQ-2005	脱硫化氢汽提塔回流泵出口不合格石脑油	kg/h	0～3000	0		
205	FIQ-2009	石脑油出装置	kg/h	0～25000	19000		
206	FIQ-2021	精制柴油出装置	kg/h	0～300000	218856		
207	FI-3022	硫化剂罐出口	kg/h	0～3000	0		
208	FI-3001	含硫污水出装置	kg/h	0～12000	7706		
209	FIQ-3004	富胺液出装置	kg/h	0～30000	20717		
210	FIQ-3005	燃料气自装置外来	m^3/h	0～4000	1018		

续表

序号	仪表号	说　明	单位	量程	正常值	报警值	备注
211	FIQ-3008	非净化压缩空气自装置外来	m^3/h	0～2000	0		
212	FIQ-3009	净化压缩空气自装置外来	m^3/h	0～400	0		
213	FIQ-3019	脱盐水自装置外来	kg/h	0～12000	0		
214	FIQ-3014	热水给水自装置外来	kg/h	0～800000	0		
215	FIQ-3015	伴热回水至装置外	kg/h	0～200000	0		
216	FIQ-1035	新氢自装置外来	m^3/h	0～30000	19000		
217	FIQ-3011	循环冷却给水自装置外来	kg/h	0～2000000	284000		
218	FIQ-3012	新鲜水自装置外来	kg/h	0～50000	0		
219	FIQ-3002	氮气自装置外来	m^3/h	0～3000	0		
220	PI-9010A	脱硫化氢汽提塔顶回流泵 A 隔离液	MPa	-0.1～5.5	0		
221	PI-9010B	脱硫化氢汽提塔顶回流泵 B 隔离液	MPa	-0.1～5.5	0		
222	FIC-1040	装置外来混合油流量控制	kg/h	0～400000	238000		
223	FIC-1042	P-9100 出口混料流量控制	kg/h	0～400000	238000		
224	PIC-1030	V-9100 压力分程调节	MPa	0～1.0	0.4		
225	LICA-1020	V-9100 液位串调	%	0～100	50		
226	FIC-1013	P-9101 出口混料流量控制	kg/h	0～400000	238000		
227	PIC-1002	V-9101 压力分程调节	MPa	0～1.0	0.4		
228	LICA-1001	V-9101 液位串调	%	0～100	50		
229	TIC-1015	加热炉出口温度控制	℃	0～500	330		
230	PICA-1006	炉 F-9101 燃料气压串调	MPa	0～0.5	0.25		
231	PICA-1004A	炉 F-9101 炉膛压力调节	Pa	0～150	60		
232	AIC-1001	炉 F-9101 氧含量	%	0～21	4		
233	TICA-1025B	反应器中段温、高报	℃	0～500	342		
234	PIC-1014	V-9108 压力控制	MPa	0～1	0.3		
235	TIC-1041	E-9101 出口温度控制	℃	0～500	300		
236	TIC-1050	E-9102 出口温度控制	℃	0～250	120		
237	TIC-1055	A-9101 出口温度控制	℃	0～100	50		
238	PIC-1015	V-9102 压力控制	MPa	0～10	6		
239	PIC-1016	V9103 压力控制	MPa	0～3	1.6		
240	PIC-1022A	V-9107A 压力控制	MPa	0～8	4.5		
241	PIC-1021A	V-9106A 压力控制	MPa	0～5	2.4		
242	PIC-1017	V-9109 压力控制	MPa	0～1	0.3		
243	FIC-1025	贫液进料流量控制	kg/h	0～40000	20000		
244	TIC-2021	A-9201 出口温度控制	℃	0～100	50		
245	FIC-2003	T-9201 回流流量控制	kg/h	0～10000	5000		
246	PIC-2002	V-9201 压力控制	MPa	0～2	0.85		
247	TICA-2018	重沸炉出口温度控制	℃	0～500	308		
248	PICA-2005	炉 F-9201 燃料气压串调	MPa	0～0.5	0.25		
249	PICA-2008	炉 F-9201 燃料油压串调	MPa	0～1.2	0.6		
250	PIC-2015A	炉 F-9201 炉膛压力调节	Pa	0～150	60		
251	AIC-2001	炉 F-9201 氧含量	%	0～21	4		

续表

序号	仪表号	说　明	单位	量程	正常值	报警值	备注
252	FICA-2011	重沸炉进料一路流量控制	kg/h	0～150000	76000		
253	FICA-2013	重沸炉进料二路流量控制	kg/h	0～150000	76000		
254	FICA-2015	重沸炉进料三路流量控制	kg/h	0～150000	76000		
255	FICA-2017	重沸炉进料四路流量控制	kg/h	0～150000	76000		
256	TIC-2031	T-9202 进料温度控制	℃	0～500	245		
257	TIC-2007	T-9202 塔顶温度控制	℃	0～300	166		
258	TIC-2026	A-9202 出口温度控制	℃	0～100	50		
259	FIC-2007	T-9202 回流流量控制	kg/h	0～60000	30000		
260	PIC-2003	V-9202 压力控制	MPa	0～0.2	0.1		
261	TIC-2034	E-9202 出口温度控制	℃	0～500	200		
262	TIC-2029	A-9203 出口温度控制	℃	0～100	50		
263	PIC-3003	V-9307 压力控制	MPa	0～1	0.5		
264	PIC-3004	燃料油压力控制	MPa	0～2	0.8		
265	PIC-3010	V-9305 压力控制	MPa	0～2	0.85		
266	PIC-3011	V-9301 压力控制	MPa	0～2	0.85		

八、装置主要现场阀列表

序号	阀 门 位 号	描　　述	所 在 画 面
1	VI1V-9100	V-9100 顶燃料气截止阀	01x
2	VI2V-9100	V-9100 顶氮气截止阀	01x
3	VI3V-9100	原料油过滤器前阀	01x
4	VI4V-9100	原料油过滤器后阀	01x
5	VI5V-9100	原料油过滤器旁路阀	01x
6	VI6V-9100	原料油至 V-9101 截止阀	01x
7	VX1V-9100	V-9100 排污阀	01x
8	VX2V-9100	原料油至 T-9202 阀	01x
9	VX3V-9100	原料油至 T-9201 阀	01x
10	VX4V-9100	原料油过滤器退油线阀	01x
11	VX5V-9100	开工油进料阀	01x
12	VX6V-9100	原料油进料阀	01x
13	VI1V-9101	V-9101 顶燃料气截止阀	01x
14	VI2V-9101	V-9101 顶氮气截止阀	01x
15	VI3V-9101	V-9101 退油线阀	01x
16	VX1V-9101	V-9101 排污阀	01x
17	VX2V-9101	P-9101 吹扫氢线阀	01x
18	VI3F-9101	F-9101 长明灯燃料气截止阀	02x
19	VI1F-9101	F-9101 燃料气截止阀	02x
20	VI2F-9101	F-9101 蒸汽吹扫阀	02x
21	VI4F-9101	F-9101 主火嘴燃料气截止阀	02x
22	VI1R-9101	R-9101 冲洗氢截止阀	04x

续表

序号	阀门位号	描　述	所在画面
23	VI2R-9101	R-9101 压差截止阀	04x
24	VI3R-9101	R-9101 压差截止阀	04x
25	VI4R-9101	R-9101 压差截止阀	04x
26	VI5R-9101	R-9101 冲洗氢截止阀	04x
27	VX1R-9101	R-9101 冲洗氢进料阀	04x
28	VI1V-9108	V-9108 顶燃料气截止阀	05x
29	VI2V-9108	V-9108 顶氮气截止阀	05x
30	VI3V-9108	除氧水进料截止阀	05x
31	VI4V-9108	除氧水注水截止阀	05x
32	VI5V-9108	除氧水注水截止阀	05x
33	VI6V-9108	脱盐水进料截止阀	05x
34	VX1V-9108	V-9108 排污阀	05x
35	VX1V-9102	V-9102 排污阀	06x
36	VX1V-9103	V-9103 排污阀	06x
37	VX2V-9103	V-9103 氮气阀	06x
38	VI1V-9103	V-9103 低分气出装置阀	06x
39	VI2V-9103	V-9103 低分气去 V-9301 阀	06x
40	VI3V-9103	V-9103 低分气去 V-9305 阀	06x
41	VI4V-9103	V-9103 低分气去火炬阀	06x
42	VI5V-9103	V-9103 低分油去 E-9102 截止阀	06x
43	VI6V-9103	V-9103 低分油去 V-9101 截止阀	06x
44	VX1V-9104	V-9104 排污阀	07x
45	VX1T-9101	T-9101 排污阀	07x
46	VX1V-9109	V-9109 排污阀	07x
47	VX1V-9105	V-9105 排污阀	07x
48	VX3V-9111	V-9111 排污阀	07x
49	VI1V-9109	V-9109 顶燃料气截止阀	07x
50	VI2V-9109	V-9109 顶氮气截止阀	07x
51	VI1V-9111	汽轮机入口截止阀	07x
52	VI2V-9111	汽轮机入口放空阀	07x
53	VI3V-9111	汽轮机出口截止阀	07x
54	VX2V-9111	汽轮机至 V-9302 阀	07x
55	VX2R-9101	循环氢压缩机出口去吹扫截止阀	07x
56	VX1R-9101	循环氢压缩机出口去冷氢截止阀	07x
57	VX1C-9102	新氢自装置外进料阀	08x
58	VX2C-9102	PSA 氢气自装置外进料阀	08x
59	VX3C-9102	C-9102 氮气阀	08x
60	VI1C-9102	氢气进 C-9102A 截止阀	08x
61	VI2C-9102	氢气进 C-9102B 截止阀	08x
62	VI1C-9102A	C-9102A 出口截止阀	08x
63	VI1C-9102B	C-9102B 出口截止阀	09x

续表

序号	阀门位号	描述	所在画面
64	VX1T-9201	T-9201 排污阀	10x
65	VX2T-9201	T-9201 中压蒸汽进料阀	10x
66	VX1V-9201	V-9201 排污阀	10x
67	VX2V-9201	V-9201 氮气阀	10x
68	VX3V-9201	V-9201 返回线阀	10x
69	VI1V-9201	V-9201 顶气出装置阀	10x
70	VI2V-9201	V-9201 顶气去火炬阀	10x
71	VI3V-9201	V-9201 石脑油去不合格线阀	10x
72	VI4V-9201	V-9201 液体放空阀	10x
73	VI3F-9201	F-9201 长明灯燃料气截止阀	11x
74	VI1F-9201	F-9201 燃料气截止阀	11x
75	VI2F-9201	F-9201 蒸汽吹扫阀	11x
76	VI4F-9201	F-9201 主火嘴燃料气截止阀	11x
77	VI5F-9201	F-9201 主火嘴燃料油截止阀	11x
78	VI6F-9201	F-9201 雾化蒸汽截止阀	11x
79	VX1T-9202	T-9202 排污阀	13x
80	VX1V-9202	V-9202 排污阀	13x
81	VX2V-9202	V-9202 氮气阀	13x
82	VX3V-9202	V-9202 返回线阀	13x
83	VI1V-9202	石脑油出装置阀	13x
84	VI2V-9202	不合格石脑油出装置阀	13x
85	VI3V-9202	石脑油至硫磺阀	13x
86	VI4V-9202	V-9202 含硫气体至 F-9201	13x
87	VI5V-9202	V-9202 含硫气体至火炬	13x
88	VX1E-9202	分馏热循环阀	14x
89	VI3A-9203	分馏冷循环阀	14x
90	VI1A-9203	精制柴油出装置阀	14x
91	VI2A-9203	开工大循环阀	14x
92	VI5A-9203	不合格精制柴油出装置阀	14x
93	VI4A-9203	不合格线出装置截止阀	14x
94	VX1C-9301	脱盐水自公用工程阀	15x
95	VX2C-9301	缓蚀剂至 T-9201 阀	15x
96	VX3C-9301	缓蚀剂自装置外阀	15x
97	VX1V-9309	硫化剂自装置外阀	15x
98	VX2V-9309	硫化剂自至反应系统阀	15x
99	VI1V-9309	V-9309 顶氮气阀	15x
100	VX1V-9305	V-9305 氮气阀	15x
101	VI1V-9305	V-9305 顶气至 V-9201 阀	15x
102	VI1V-9305	V-9305 顶气至火炬阀	15x
103	VX1V-9301	V-9301 氮气阀	15x
104	VI1V-9301	V-9301 顶气至 V-9201 阀	15x

续表

序号	阀门位号	描述	所在画面
105	VI1V-9301	V-9301 顶气至火炬阀	15x
106	VX2V-9301	V-9301 排污阀	15x
107	VI1LQS	循环水自装置外截止阀	16x
108	VI2LQS	循环水至装置外截止阀	16x
109	VI1N2	氮气自装置外截止阀	16x
110	VI1XXS	新鲜水自装置外截止阀	16x
111	VI1K1	非净化空气自装置外截止阀	16x
112	VI1K2	净化空气自装置外截止阀	16x
113	VI1V-9307	燃料气自装置外截止阀	16x
114	VI1TYS	脱盐水自装置外截止阀	16x
115	VI1RLY	燃料油自装置外截止阀	16x
116	VI2RLY	燃料油至装置外截止阀	16x
117	VI1RS	热水自装置外截止阀	16x
118	VI2RS	热水至装置外截止阀	16x
119	VI1V-9308	放空气体至装置外总阀	17x
120	VX1V-9308	V-9308 排污阀	17x
121	VX1V-9308	V-9308 液体出装置外阀	17x
122	VX1V-9306	V-9306 液体出装置外阀	17x
123	VX1V-9303	V-9303 液体出装置外阀	17x

九、工艺卡片

项目	单位	正常值	控制指标
V-9100 操作压力	MPa	0.4	0.2～0.6
V-9100 液位	%	80	75～85
V-9101 操作压力	MPa	0.4	0.2～0.6
V-9101 液位	%	80	75～85
F-9101 出口温度	℃	330	320～355
反应器入口温度	℃	330	320～355
反应器出口温度	℃	366	360～397
V-9102 操作压力	MPa	6.0	5.7～6.3
V-9102 液位	%	50	45～55
V-9102 界位	%	50	45～55
T9-101 液位	%	50	45～55
V-9103 操作压力	MPa	1.6	1.2～1.7
V-9103 液位	%	50	45～55
V-9108 液位	%	50	45～55
V-9109 液位	%	50	45～55
T-9201 塔顶压力	MPa	0.85	0.80～0.90
T-9201 液位	%	50	45～55

续表

项　目	单位	正 常 值	控 制 指 标
V-9201 液位	%	50	45～55
V-9201 界位	%	50	45～55
T-9202 塔顶压力	MPa	0.1	0.05～0.15
T-9202 液位	%	50	45～55
V-9202 液位	%	50	45～55
V-9202 界位	%	50	45～55
F-9201 出口温度	℃	308	305～310

参 考 文 献

[1] 卢焕章. 动力车间仿真软件教学指导书. 北京：化学工业出版社，2016.

[2] 付丽丽. 苯乙烯生产仿真教学操作软件指导书. 北京：化学工业出版社，2017.

[3] 李淑培. 石油加工工艺学. 北京：中国石化出版社，1991.

[4] 林世雄. 石油炼制工程. 北京：石油工业出版社，2000.

[5] 刘小隽. 石油化工数字化虚拟仿真实训平台指导书. 北京：化学工业出版社，2016.